D1922558

Diplomica Verlag

MIX
Papier aus verantwortungsvollen Quellen
Paper from responsible sources
FSC® C105338
FSC
www.fsc.org

Alina Puczylowski

Hurra! Endlich alt!

Seniorenmarketing und DemografiemanAGEment als Wettbewerbsstrategien der Zukunft

Puczylowski, Alina: Hurra! Endlich alt! Seniorenmarketing und DemografiemanAGEment als Wettbewerbsstrategien der Zukunft, Hamburg, Diplomica Verlag GmbH

Umschlaggestaltung: Diplomica Verlag GmbH, Hamburg

ISBN: 978-3-8428-8573-8

Bibliographische Information der Deutschen Bibliothek

Die Deutsche Bibliothek verzeichnet diese Publikation in der Deutschen Nationalbibliografie; detaillierte bibliografische Daten sind im Internet über http://dnb.ddb.de abrufbar.

Die digitale Ausgabe (eBook-Ausgabe) dieses Titels trägt die ISBN 978-3-8428-3573-3 und kann über den Handel oder den Verlag bezogen werden.

Inhaltsverzeichnis

1 Was ist neu an diesem Buch? - Fragestellung und Abgrenzung des Themas

„Nimm' die Erfahrung und die Urteilskraft der Menschen über 50 aus der Welt, und es wird nicht genug übrigbleiben, um ihren Bestand zu sichern."

(Henry Ford)

Das Altern der bundesdeutschen Bevölkerung hat weitreichende Konsequenzen für nahezu alle Bereiche des gesellschaftlichen Lebens: Die Sicherung der Renten sowie Umstrukturierungen des Arbeitsmarktes und des Gesundheitssystems sind nur einige der politischen und sozialen Herausforderungen.

Aus ökonomischer Sicht stellt sich erstmals die Aufgabe, die Märkte an die neuen Anforderungen der alternden Gesellschaft anzupassen.

Die durchschnittliche Lebenserwartung einer heute 50-jährigen Person dieser Zielgruppe liegt bei 76 bzw. 82 Jahren. Wird diese Person als Konsument gewonnen, kann sie im Durchschnitt noch 26 bzw. 32 Jahre an die Märkte gebunden werden. Laut Prognosen des Bundesamtes für Statistik wird sich die Situation in den nächsten Jahren noch weiter verschärfen. Durch das In-die-Jahre-Kommen der geburtenstarken 1960er- Jahrgänge, weitere medizinische Erfolge im Kampf gegen das Altern sowie weiterhin steigende Kinderlosigkeit werden die „Neuen Alten" ihre Position als zahlenmäßig stärkste Bevölkerungsgruppe weiter ausbauen. In Zeiten, deren Wirtschaft durch Sättigung und Wettbewerbsdruck gekennzeichnet ist, erscheint es naheliegend, sich mit den Senioren und ihren spezifischen Bedürfnissen, Problemen und Wünschen stärker zu befassen. Dabei profitieren auch jüngere Konsumenten von einer kundenfreundlichen Entwicklung von Produkten und Dienstleistungen, wie die erfolgreichen Markteinführungen von Rollkoffern oder elektronischen Dosenöffnern veranschaulichen.

Dennoch wird die Zielgruppe 50plus von vielen Branchen bisher gänzlich ignoriert oder nicht adäquat bedient. Als Gründe für diese Zurückhaltung werden Angst vor der Auseinandersetzung mit dem Alter und Wissensdefizite über die Zielgruppe angeführt, wobei sich diese Faktoren gegenseitig bedingen.

Daraus resultiert die Fragestellung dieses Buches, was genau sich hinter dem Begriff Zielgruppe 50plus verbirgt und wie der bereits existierende Seniorenmarkt sinnvoll ausgebaut und auch im Sinne des Verbrauchers optimiert werden kann.

Dabei sollen insbesondere die folgenden Fragen beantwortet werden:

- Wie hat sich der theoretische Diskurs in der Alterssoziologie in den vergangenen Jahrzehnten entwickelt?
- Warum ist die Zielgruppe 50plus besonders attraktiv aber auch problematisch für unsere Wirtschaft?
- Welches sind die Präferenzen, Probleme und Potenziale beim Konsumverhalten älterer Menschen?
- Wie sieht die konkrete Ausgestaltung des Seniorenmarketings in sechs ausgewählten Branchen (Gesundheit, Kosmetik, Wohnen, Automobil, Tourismus und Technologie) aus?
- Welche Ansätze gibt es zur Optimierung und Weiterentwicklung des existierenden Seniorenmarketings?

Diese Arbeit ist als Literaturstudie konzipiert, so dass zur Beantwortung der Fragen wissenschaftliche Studien sowie Inhalte von aktuellen Tagungen und Internetseiten zum Thema herangezogen werden. Dabei werden Spannungsverhältnisse zwischen den sozialwissenschaftlichen Erkenntnissen der Soziologie und der Marketingpraxis deutlich, die als roter Faden dieses Buch durchziehen.

Zur besseren Lesbarkeit der Arbeit wird auf eine explizite Bezeichnung beider Geschlechter verzichtet und ausschließlich die männliche Form verwendet.

2 Historische Entwicklung von Alterstheorien

Im Folgenden werden diejenigen Theorien und Modelle zum Altersprozess dargestellt, die nachhaltig den wissenschaftlichen Diskurs über das Alter und Altern prägten und auch für das heutige Seniorenmarketing bedeutsam sind.

Verstärkt werden diejenigen Kernaussagen der Theorien herausgearbeitet, die sich auf den Senior als Konsumenten übertragen lassen und somit erste Anknüpfungen zur Zielgruppe 50plus und dem Seniorenmarketing herstellen.

2.1 Defizit- Modell nach Yerkes (1921)

Kaum eine Theorie des Alterungsprozesses beeinflusste und beeinflusst auch noch heute das Denken über das Alter so nachhaltig wie das Defizit- Modell (Becker 1998: 11). Den Grundstein dieses Modells legte R. M. Yerkes in den 1920er Jahren, als er mit Hilfe des so genannten. „Army-Alpha-Tests" (Yerkes 1921: 6f.) herausgefunden zu haben glaubte, dass die „Intelligenzleistungen von Männern ab dem 30. Lebensjahr einem Altersabbau unterworfen" seien (Brünner 1997: 24). Die besseren Ergebnisse der jüngeren Probanden wurden ausschließlich mit deren kalendarischem Alter begründet (ebenda), so dass dieses Modell auf der Unterstellung eines „*universellen* [...] und *generellen* [...] Abbaus der kognitiven Leistungsfähigkeit" (Kruse/Lehr 1999: 210) basierte. Die „sozialhistorisch und sozialökonomisch unterschiedlichen Bedingungen" wurden dabei vernachlässigt (Becker 1998: 11). Im Weiteren wurden die Ergebnisse der empirischen Tests auch auf „die Umstellungsfähigkeit und die Auseinandersetzung mit den Anforderungen des Alltags" (ebenda) ausgeweitet. So wurde das Alter als ein „Stadium schlechter Gesundheit, fehlender körperlicher und geistiger Beweglichkeit, finanzieller Unsicherheit sowie persönlicher Isolierung und Einsamkeit" (Zimmermann: 1977: 4) betrachtet, das mit einem „vorverlegten Ausscheiden aus der Gesellschaft" (ebenda) gleichgesetzt werden konnte.

Übertragen auf die hier zugrundeliegende Fragestellung bedeutet dieses, dass die Seniorenmärkte sich ausschließlich an den altersbedingten Ausfallerscheinungen zu orientieren haben, die nach dem Defizit-Modell sämtliche Bereiche der Person betreffen. Dabei wäre die Beschränkung der Seniorenmärkte auf klassische Hilfsmittel ausreichend, da die Senioren im Zuge ihrer altersbedingten Einbußen und Verluste nicht einmal mehr zur Partizipation an der Gesellschaft oder zum Konsum in der Lage wären.

Kritik am Defizit- Modell

Erst in den 60er Jahren des 20. Jahrhunderts mehrte sich vor allem durch Lehr die Kritik am nahezu gesetzmäßigen Charakter des Defizit- Modells mit seinem Konzept der allgemeinen Intelligenz. Ein erweiterter und differenzierter Intelligenzbegriff sollte nun die Mehrdimensionalität der Leistungsfähigkeit Älterer erfassen (vgl. Brünner 1997: 25). Man begann, die „flüssige" von der „kristallisierten" Intelligenz zu unterscheiden.

Kristallisierte und fluide Intelligenz

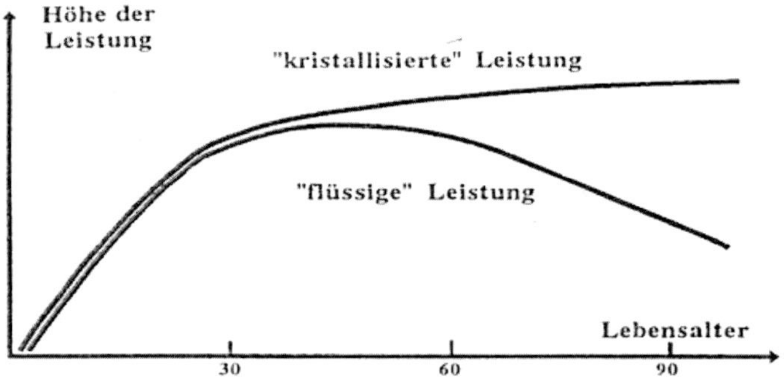

Abbildung 1: Zwei Intelligenzformen, Quelle: Härtl- Kasulke 1998: 163

Die *flüssige* (oder fluide) Intelligenzform erreicht schon im relativ frühen Lebensalter ihren Höhepunkt; danach sind wachsende Verluste bei der Entwicklung von neuen Lösungen für unbekannte Fragestellungen zu verzeichnen. Zu den nachlassenden Fähigkeiten zählen beispielsweise die „Orientierung in neuen Situationen" (Gaube 1995: 27) sowie „abstrakte Schlussfolgerungen zu ziehen" oder geistig beweglich zu sein" (Erichsen 2005: 33).

Die *kristallisierte* Intelligenz hingegen meint die „Fähigkeit zur Lösung vertrauter kognitiver Probleme" (Gaube 1995: 27) und kann auch als „erfahrungs- und wissensgebundene Intelligenz" bezeichnet werden (ebenda). Während diese Intelligenzform nach Kruse und Lehr im Alter „keine oder nur geringfügige Verluste" aufzeigt (Kruse/Lehr 1999: 211), nehmen diese Fähigkeiten nach Gaube „mit zunehmendem Alter [sogar– d.

Verf.] eher zu" (Gaube 1995: 27). Dazu zählen beispielsweise Leistungen im Bereich von Wortschatz, Sprachverständnis sowie Allgemeinwissen (ebenda).

Aber auch „Urteilsfähigkeit" und „Erfahrungswissen" steigen im Alter an (Erichsen 2005: 33) und sind gleichzeitig wichtige Determinanten des Konsumverhaltens.

Die Bedeutung von den zunehmenden „Qualitäten" im Alter setzte sich zunehmend durch, so dass spätestens durch Lehr und Keuchel das Defizit- Modell wissenschaftlich verworfen werden konnte (Becker 1998: 11). Der Hauptgedanke des Modells ist jedoch auch weiterhin im alltäglichen Verständnis vom Alter zu finden. Vielerorts – besonders in Bereichen der praktischen Gerontologie (ebenda) – wird Altern weiterhin mit einer automatischen Zunahme von Schwäche, Krankheit und Leistungsunfähigkeit assoziiert. Ein entscheidender Multiplikator von Seniorenbildern ist im medialen Zeitalter die Werbung. Obwohl diese immer noch auf Jugendlichkeit und „Infantilisierung der Gesellschaft" (Seidl 2005: 5) beruht, beginnt sie allmählich, positive Seniorenstereotype zu transportieren.

2.2 Disengagement- Theorie nach Cumming und Henry (1961) vs. Aktivitätstheorie nach Tartler (1961)

Wenngleich die Disengagement - und die Aktivitätstheorie aus dem gleichen Jahr stammen – was auf eine ähnliche Untersuchungswirklichkeit schließen lässt –, sind die Hauptaussagen dieser Ansätze gegenläufig: Die Disengagement- Theorie basiert auf der Annahme, dass eine von Senioren freiwillig gewählte Form der „sozialen Isolierung" ein Garant für Zufriedenheit im Alter sei (Becker 1998:11), während die Aktivitäts- Theorie nur denjenigen Menschen ein glückliches und zufriedenes Altern prognostiziert, die aktiv etwas leisten können (Fischer 1991: 427).

Praktisch finden diese Theorien Ausdruck in einer Reduzierung oder Umstrukturierung der sozialen Kontakte auf der einen, und im Aufbau neuer Wirkungskreise im Bereich Hobby und Kontakte auf der anderen Seite. Interessant ist weiterhin, dass die in der Disengagement- Theorie propagierte Passivität der Älteren auch von der Gesellschaft gewünscht und gefordert wird (Brünner 1997: 28). Beispielsweise befürwortet diese den Rückzug Älterer aus der Rolle des Arbeitnehmers (vgl. Gallenberger 2002).

Auf die Konsumgüterindustrie lässt sich die Disengagement- Theorie in zweifacher Hinsicht übertragen. Zum einen könnte die bisherige Jugendkultur-Ausrichtung der

Märkte als ein methodischer Ansatz interpretiert werden, der die Passivität der älteren Kunden stärkt. Konsum für Ältere wäre der Disengagement- Theorie zufolge generell kontraproduktiv, da er den Rückzugsprozess des Menschen belasten könnte.

Auch die Marktforschung könnte mit ihrer etablierten Zielgruppenaltersspanne von 14 – 49 Jahren weiterhin suggerieren, dass Menschen ab 50 Jahren aufhören zu leben: „Sie essen und trinken nicht mehr, fahren nicht mehr Auto, verwenden keine Körperpflege und haben mit neuer Kleidung schon lange nichts mehr am Hut" (Härtl-Kasulke 1998: 2).

Zum anderen kann man aus dieser Theorie einen Seniorenmarkt ableiten, der gerade die Inaktivität dieser Zielgruppe aufgreift und entsprechende Angebote entwickelt. Die Marktsegmente beschränken sich in diesem Falle jedoch auf Heizdecke, Kreuzworträtselhefte und leichtes Unterhaltungsprogramm im Funk und Fernsehen. Tatsächlich gehören diese Produkte auch heutzutage zum klassischen Repertoire im Seniorenfachhandel, doch richten sie sich gezielter auf die älteren und gebrechlichen Senioren als auf die Zielgruppe 50plus.

Der *Aktivitätstheorie* nach müsste das Seniorenmarketing gerade Anreize schaffen, die das Interesse an Partizipation am gesellschaftlichen Leben steigerten. Problematisch dabei ist, dass eigene Aktivitätsleistungen nicht alleine durch Konsum gesteigert werden können. So müsste das Seniorenmarketing diejenigen Branchen auf- oder ausbauen, die über den bloßen Konsum hinaus Möglichkeiten zur persönlichen Aktivität und Entfaltung bieten. Da in der Aktivitätstheorie Sozialkontakte zentral sind und „ihr Erhalt auch im Alter angestrebt" wird (Schönknecht 2003: 18), scheint beispielsweise eine stärkere Anpassung der Reise- oder Sportbranche an die Seniorenbedürfnisse sinnvoll.

Weiterführende Untersuchungen zu beiden Theorien ergaben letztlich, dass besonders die Disengagement- Theorie so nicht haltbar sei (vgl. Brünner 1997: 29). Sowenig ein positiver Zusammenhang zwischen dem Rückzug in die Passivität und „Lebenszufriedenheit" besteht, so wenig darf man z.B. einen Arbeiter, der stets einem festen Tagesrhythmus unterworfen war, nach dem Übergang in den Ruhestand mit der „Pflicht zur Aktivität" überfordern.

Die Entscheidung für eine der beiden Lebensformen – falls überhaupt von einem bewussten Vorgang gesprochen werden kann –, ergibt sich vielmehr aus der „Vielzahl von Kombinationsmöglichkeiten materieller, sozialer und psychischer Faktoren, die sich zur jeweiligen Lebenslage verdichten" (Gerok/Brandstätter 1992: 384).

Folglich spricht sich Rosenmayr für einen Kompromiss zwischen beiden Theorien aus, wobei die Freiwilligkeit und Selbstbestimmung der Entscheidungen das wichtige Moment ist (Brünner 1997: 29). In dieser Überlegung fehlt jedoch die wesentliche Prämisse, dass der Senior erst *entscheiden können* muss, bevor er *entscheiden dürfen* kann.

Auf die Rolle des Konsumenten übertragen hieße dies zunächst, dass der Kunde im Idealzustand selbst bestimmen kann und darf, ob und in welchem Maße er an der Konsumwelt teilnehmen will. Eine übersichtliche Verbraucherpolitik und spezieller Verbraucherschutz für Ältere wären mögliche Hilfsmaßnahmen zur verbesserten Orientierung auf dem Seniorenmarkt.

2.3 Kontinuitätstheorie nach Rosow (1963) und Schenk (1975)

Im Gegensatz zum Rückzugs- oder Aktivitätsprinzip basiert die Kontinuitätstheorie auf der Annahme, dass die „Beibehaltung des gewohnten Lebensstils [...] Unzufriedenheit [vermeidet]" (Becker 1998: 9). Dem Individuum soll die Möglichkeit gegeben werden, seinen Lebensabend entsprechend seiner bisherigen Lebensweise fortzusetzen. Dabei darf Kontinuität keineswegs mit „Stillstand oder Starrheit gleichgesetzt werden" (Brünner 1997: 30).

Für das Seniorenmarketing bedeuteten diese Aussagen, dass sich die Konsumbedürfnisse der Senioren nicht grundlegend von denen der jüngeren Verbraucher unterscheiden müssen, sondern sich vielmehr aus den bisherigen Gewohnheiten und Vorlieben entwickeln oder durch Massenmedien sowie die Interaktion mit der „restlichen" Gesellschaft konstruiert werden können. Weiterhin lässt sich aus der Kontinuitätstheorie die Empfehlung ableiten, dass entsprechende Angebote möglichst nicht als „Seniorenprodukte" kenntlich gemacht werden sollten, um Stigmatisierung und Diskriminierung vorzubeugen.

2.4 Kognitive Alterstheorie nach Thomae (1970)

Die kognitive Alterstheorie aus dem Jahre 1970 lehnt erstmals die Generalisierung von Alterungsprozessen ab und betrachtet „die subjektive Wahrnehmung als determinierend für die Reaktion auf die Alterssituation" (Becker 1998: 12). Somit wird deutlich, „jeder Mensch seinen eigenen, individuellen Altersverlauf hat" (Fischer 1991: 427).

Voraussetzung für erfolgreiches Altern ist dabei ein Gleichgewicht aus „wahrgenommener Realität und individuellen Bedürfnissen" (Becker 1998: 13). Das bedeutet, dass subjektiv Erreichtes und Gewünschtes im Leben des Seniors möglichst deckungsgleich sein sollte.

So wie den Vorläufermodellen die Pauschalisierung und Stigmatisierung von Altersverläufen vorgeworfen wurde, ließ auch die gegenläufige Kritik an dieser Theorie nicht auf sich warten. Dürscheid bemängelte, dass die Zufriedenheit nur subjektiv gemessen werde und strukturelle Faktoren vernachlässigt würden (Dürscheid 1984: 44). Damit bestünde die Gefahr, „Mängel und Defizite [im Alterungsprozess] zu individuellen Schicksalen" zu reduzieren (Becker 1998: 13).

2.5 Subkulturansatz Dürscheids (1984)

Der Subkulturansatz Dürscheids betont, dass ein „kollektives Gruppenbewusstsein" Älterer existiert, das wiederum zur Entstehung einer eigenständigen Subkultur führt (Dürscheid 1984). Auch Tokarski unterstützt diesen Ansatz, wenn er von einem „individuellen aber auch altersspezifischen Lebensstil" spricht (Tokarski 1989: 22). Dies darf nicht als „Rückwendung von den differenziellen individual- orientierten Modellen zu einer schematischen und eindimensionalen Alterstheorie" verstanden werden (Becker 1998: 13). Die Verfechter versuchen vielmehr, die sich im Pluralismus und Individualität auflösenden Einzelschicksale zu einer eigenständigen Gruppierung mit einem spezifischen Lebensstil zusammenzuführen.

Für die übergeordnete Fragestellung dieser Arbeit ergibt sich aus dieser Theorie, dass Senioren eine eigenständige Zielgruppe mit spezifischen Ansprüchen und Bedürfnissen darstellen. Dabei zählt die Forschung nach den sozialstrukturellen Gemeinsamkeiten Älterer zu den größten Herausforderungen der Zielgruppenforschung im Seniorenmarketing.

2.6 Modell des konstruktiven Alterns nach Saup (1991)

21 Jahre später richtet der Psychologe Winfried Saup den Fokus wieder verstärkt auf die Einzelperson. Die Konzeption vom „Konstruktiven Altern" geht davon aus, dass „auch im höheren Erwachsenenalter und Alter entwicklungsbedeutsame Veränderungen der Person möglich sind" (Saup 1991: 116).

Ferner unterteilt Saup die Veränderungen im Alter nach zwei Gruppen ein und spricht von „zunehmend explorative[n] und depressive[n] Erlebnis- und Verhaltensweisen älter werdender Personen" (ebenda). Demnach können sich *explorative* Erlebnisweisen als „Ausweitung von Kontakten, Zunahme von Interessen [oder] Ausprobieren neuer Aktivitäten" niederschlagen, während *depressive* Erlebnisweisen durch „zunehmende Passivität, Pessimismus, Antriebslosigkeit und Niedergeschlagenheit" (ebenda) gekennzeichnet sein können. Weiterhin betont dieses Modell erstmals, dass die Individuen sich nicht nur hinsichtlich objektiver und objektivierter Merkmale von Ereignissen unterscheiden, sondern vor allem auch in der Art und Weise, wie sie die Lebensereignisse subjektiv wahrnehmen" (Saup 1991: 117). Das Altern ist insofern konstruktiv, als dass die aktive Auseinandersetzung mit Aufgaben und Problemen auch im Alter die „Möglichkeit zur Mit- und Selbstgestaltung der persönlichen Entwicklung" (Saup 1991: 11) ermöglicht. Schließlich wird in dieser Theorie den Älteren erstmals eine Mitgestaltungsmöglichkeit zugesprochen, auf die „multidimensional", „multidirektional" und „multikausal" verlaufenden Verhaltens- und Erlebensveränderungen aktiv einzuwirken (Saup 1991: 116). Für diese Studie bedeutet das, dass die älteren Konsumenten durch die Ausweitung von Kontakten, Zunahme von Hobbies, Neugier an neuen Aktivitäten und eine insgesamt „abwechslungsreiche Lebensführung [und] intensivere Erlebnismöglichkeiten eine vielseitig interessante Zielgruppe darstellen und dabei aktiv auf die Ausgestaltung „ihrer" Seniorenmärkte einwirken können. Zum Beispiel sollte diese Zielgruppe ihre Belange und Bedürfnisse an seniorengerechte Produkte auch ungefragt formulieren und sich an Umfragen und Forschungsvorhaben bewusst beteiligen. Dabei richtet das gegenwärtige Seniorenmarketing den Fokus zusehends auf die Verfechter des explorativen Lebenswandels, da diese partizipationsfreudigen und aktiven Senioren verstärkt auf Konsumbereitschaft hoffen lassen.

2.7 Fazit: Entwicklung des theoretischen Diskurses in der Alterssoziologie

Die vorgestellten Alterstheorien veranschaulichen, dass der theoretische Diskurs eine Entwicklung mit diversen Akzentsetzungen durchlaufen hat. So wurde das Alter anfänglich als ausschließlich negativ und mit Defiziten behaftet betrachtet, bis in den 1960er Jahren ein wissenschaftlicher Diskurs über spezifische Rückzugs- oder Aktivitätsnotwendigkeiten im Alter entbrannte.

Aus diesen Modellen ging die Kontinuitätstheorie hervor, die das Beibehalten des individuellen Lebensstils als notwendig für persönliche Zufriedenheit im Alter erachtete.

Ein weiteres Spannungsverhältnis verdeutlichte die kognitive Theorie durch die Betonung der Heterogenität Älterer, während die Gegenströmung um eine Gruppierung der Älteren bemüht war. Dabei haben die Theorien im Laufe der Jahrzehnte an Differenziertheit gewonnen, so dass es kein „normales" oder „ideales Altern" mehr gibt (Brünner 1997: 31), sondern Alterungsprozesse relativ individuell ablaufen und durch soziale und sozialpsychologische, ökonomische, ökologische, gesundheitliche und persönliche Faktoren (vgl. Becker 1998: 14) beeinflusst werden können. Schließlich hat sich der Diskurs vom negativen Altenbild immer weiter weg und zu den positiven Aspekten des Alters hin entwickelt. Seit Beginn des neuen Jahrtausends konzentriert sich der Diskurs verstärkt auf die Chancen und Potenziale des Alters für die Gesamtgesellschaft, wobei diese neuen Akzente gleichzeitig den ökonomischen Zeitgeist der Gegenwart veranschaulichen.

3 Die Zielgruppe „50plus" und Gründe für ihre wachsende Bedeutung

Im Folgenden wird zunächst die Klassifizierung der Zielgruppe 50plus problematisiert, um anschließend die wesentlichen Gründe darzulegen, warum diese Bevölkerungsschicht von einem besonderen Interesse für die Konsumgüterindustrie sein sollte.

3.1 Klassifikationsschwierigkeiten einer heterogenen Zielgruppe

Die Definition der Zielgruppe 50plus gestaltet sich aus vielerlei Gründen als äußerst schwierig. Zunächst bestehen Schwierigkeiten darin, dass das „50plus- Phänomen" (nicht die demographische Entwicklung!) erst seit den letzten fünf Jahren in die Öffentlichkeit dringt und auf eine solide und vollständige wissenschaftliche Aufbereitung noch nicht zurückgegriffen werden kann.

Vielmehr existieren diverse Ansätze, Typisierungen und Kategorisierungen dieser Zielgruppe nebeneinanderher. Diese Pluralität rührt auch daher, dass es sich bei Älteren um eine komplexe Gruppe, die „sich durch verschiedene Altersgruppen [hier ab 50 Jahren – d. Verf.] und durch alle Schichten und Milieus [zieht], so dass wenige vereinheitlichende Aussagen getroffen werden können" (Heinze/Helmer-Denzel/Wilde 2005: 5).

Diese Heterogenität wiederum liegt u. a. in „individuelle[n] [Sozialisations- d. Verf.] Erfahrungen" begründet, die im Laufe des Lebens immer stärker voneinander abweichen (Härtl-Kasulke 1998: 6f). Demnach sind sich zwei Zehnjährige immer ähnlicher als zwei 80-jährige. Auch die durch den Wertewandel hervorgerufenen Individualisierungstendenzen in der Gesellschaft stellen einen weiteren Faktor für die immer komplexer werdenden Einordnungsbemühungen dar. Schließlich zählen Senioren zu den schwierigsten Bevölkerungsgruppen, wenn es um die Erfassung ihrer Wünsche, Bedürfnisse und Probleme geht (Meyer-Henschel 2004: 51), was wiederum den Prozess des Erkenntnisgewinns erschwert. Neben den inhaltlichen Unterschiedlichkeiten ist auch die Größe der Generation 50plus problematisch. Die nahezu 30 Millionen Menschen umfassende Gruppe ist für eine exakte Zielgruppendefinition entschieden zu hoch (Hattemer 2004: 497).

3.1.1 Begriffsbestimmung

Wurde bis in die 1980er Jahre hinein einheitlich der Begriff „Senior“ für die ältere Generation verwendet, gibt in der neueren Seniorenmarketing-Literatur diverse und konfuse Wortkreationen:

BestAger	= Personen im besten Alter
Silver Generation	= Silberne Generation
Selpies (second life-people)	= Alte im zweiten Lebensabschnitt
Woopies (Well off older people)	= wohlhabende ältere Leute
Grampies* (grown-up mature people)	= erwachsene, reife Menschen
Grampies* (growing retired active moneyed people in an excellent state)	= zunehmende Gruppe begüterter, gesunder Alter
...	

* vgl. „Grampy“ (brit.) = “Opi”

Abbildung 2: Namensvorschläge für 50plus, eigene Zusammenstellung nach Meyer-Henschel 2004, Krieb/Reidl 2001 und Gaube 1995

Letztlich ist die Vielfalt aber nur Ausdruck für die Unklarheit des Begriffes und führt recht anschaulich zweierlei vor. Zum einen zeigt die um ein Vielfaches verlängerbare Reihe der Anglizismen, dass US- Amerika auf diesem Marketingsektor eine Vorreiterstellung genießt. Zum anderen demonstrieren diese Begriffsunterscheidungen, dass der Seniorenmarkt in viele Untermärkte teilbar ist, da jedem Begriff bestimmte, voneinander unterscheidbare Charakteristika zugeordnet werden.

Weiterhin beobachtet man eine „konsequente Verjüngung der Zielgruppe“ (Meyer-Henschel 2004: 9). Setzte man die Altersgrenze ursprünglich mit dem offiziellen Renteneintrittsalter von 65 gleich (Gaube 1995: 23), so ist heute die 50plus- Grenze zumindest im Marketingbereich am weitesten etabliert.

In dieser Arbeit wird von der „Generation 50plus“ bzw. im Hinblick auf das Seniorenmarketing von der „Zielgruppe 50plus“ gesprochen werden, wobei dieser ökonomische Ausdruck als Konglomerat für alle Subkategorien verstanden werden soll. Ferner erscheint „50plus“ am flexibelsten, um die Heterogenität der Zielgruppe einzufangen. Weiterhin wird durch die plakative Eintrittsgrenze vom 50. Lebensjahr die Identifikation erleichtert, da keine Wertungen oder Charakteristika im Wort enthalten sind, die die Zielgruppe qualitativ und quantitativ eingrenzen würden. Auch spricht nichts gegen die Verwendung des Begriffes Senioren, solange dies „auf (eine) ehrliche, verantwortungsvolle, sensible und sozial akzeptable Weise“ (Grunder/Rutishauser 2004: 5) geschieht.

3.1.2 Zielgruppe = Ziel und Gruppe?

Etablierte Begriffe wie Ziel*gruppe* oder *Generation* 50plus lassen vermuten, dass es sich bei den zu erreichenden Menschen um eine pauschale Gesamtgruppe handelt.

Der Marketing- Charakterisierung folgend, dass sich eine Zielgruppe durch „intrasystematische Homogenität und extrasystematische Heterogenität“ auszeichnet (Halstenberg 1996: 168), vertritt Hattemer jedoch die These, Senioren seien zwar ein Ziel, aber keine Gruppe (Hattemer 2005:32). Er plädiert dafür, die immer unschärfer werdende Sozio-Kategorie Lebensalter durch mittelfristig wichtigere Determinanten wie Geschmack, Sozialverhalten oder Vitalität zu ersetzen. Zielgruppendifferenzierung scheint angemessen, um Heterogenität zu reduzieren. Umgekehrt kann eine zu detaillierte Zielgruppenzuordnung zu einem „gap in the market“ (Karmasin 1993: 89) führen. Die „Gruppe der 50 – 55-jährigen altkatholischen Vegetarierinnen, die vorzugsweise rote Baumwollsocken tragen“, wäre eine solche „nicht bearbeitbare Minieinzelgruppe“ (ebenda). Rekurrierend auf die Überschrift des Kapitels kann die Gleichung aufgestellt werden, dass die Zielgruppe 50plus ein Konglomerat diverser Zielgruppen darstellt.

3.1.3 „Best Ager“-Typologie 2005

Als ein geeignetes, da nicht zu grob und nicht zu fein zergliedertes Segmentierungsmodell für die knapp 30 Millionen Menschen der Zielgruppe 50plus erscheint die aktuellste TNS Infratest-Typologie, die neudeutsch von „Best Agern“, also Personen im besten Alter spricht. Sie unterteilt die über 50-jährigen Best Ager durch die Determinanten Geschlecht, Alter, Bildung und Haushaltseinkommen in drei ähnlich große „homogene Subgruppen“ (Infratest 2005: 4)

			Passive Ältere	Kulturell Aktive	Erlebnisorientierte Ältere
Geschlecht	männlich	45	43	32	63
	weiblich	55	57	68	37
Alter	50-59	32	24	28	46
	60-69	36	31	38	39
	70+	33	44	35	16
Bildung	Volks-/ HS	63	76	63	47
	mittlere Bildung	24	18	26	30
	Abitur/Uni	13	6	11	23
Haushalts-Netto-Einkommen	bis unter 1500 €	35	43	34	26
	1500 b.u. 2500 €	41	42	44	37
	2500+ €	24	15	23	37

Abbildung 3: Aktuelle Typenbildung im Seniorenmarketing, Quelle: TNS Emnid, Forschungsbereich Soziometrie: Die Best Ager 2005

Die Best-Ager-Typologie setzt sich in einer Ein-Drittel- Parität aus den passiven Älteren (37%), kulturellen Aktiven (33%) und erlebnisorientierten Aktiven (30%) zusammen. Von dieser Zuordnung ausgehend klassifiziert Infratest nach unterschiedlichen Ausprägungen bezüglich der Wertehaltungen, Lebensstile und Produktpräferenzen innerhalb der einzelnen Gruppierungen.

3.1.3.1 Passive Ältere (37% der Best Ager)

Die soziodemografischen Merkmale dieser Sub-Zielgruppe sind ein hohes Alter, ein geringer Bildungsstand sowie ein geringes Haushaltsnettoeinkommen. So sind 44% der passiven Älteren über 70 Jahre alt, mit 76% ist der Anteil der Volks- und Hauptschulabgänger am höchsten, und die Mehrheit von 43% hat ein Haushaltsnettoeinkommen von weniger als 1500 Euro.

Weiterhin zeichnet sich diese Gruppe durch ein „ausgesprochen passives Freizeitverhalten" (TNS Infratest 2005: 32) aus, das sich durch unterdurchschnittliche Aktivitätsgrade in nahezu allen 20 befragten Freizeitbeschäftigungen herauskristallisiert. Besonders niedrig ist der Anteil der Sport treibenden (6%) und der Computernutzer (15%), während der Anteil der Medien nutzenden durchschnittlich hoch ist.

Schließlich lässt sich die Wertorientierung der passiven Älteren als „traditionsverbunden, materiell aber auch familiär" (TNS Infratest 2005: 32) charakterisieren, wobei von hedonistischen Werten jedoch Abstand gewonnen wird (ebenda).

3.1.3.2 Kulturell Aktive (33% der Best Ager)

In dieser Kategorie ist der Frauenanteil mit 68% wesentlich höher als in den Vergleichsgruppen, und auch das durchschnittliche Haushaltseinkommen liegt bei 44% der Personen mit 1500–2500 Euro wesentlich höher als in der ersten Gruppe. Darüber hinaus lassen sich die kulturell Aktiven wie der Name bereits sagt, als überdurchschnittlich aktiv charakterisieren. Beispielsweise ist der Anteil der Theaterbesucher mit 92% und der Sport treibenden mit 69% in dieser Gruppe am höchsten, wobei es keinen positiven Zusammenhang zwischen Aktivität und Bildungsstand gibt, da mit 63% die Mehrheit der Gruppe den Volks-/HS- Absolventen zuzuordnen ist.

Die Werteorientierung zeigt „stark kulturelle, familiär-soziale und religiöse Tendenzen" (TNS Infratest 2005: 34), wobei sich diese Gruppe von individualistischen Werten distanziert. Ein Großteil der kulturell Aktiven zeigt schließlich starke Konsumneigungen zu Produkten im Kosmetik-, Mode- und Gesundheitsmarkt im weitesten Sinne.

3.1.3.3 Erlebnisorientierte Ältere (30% der Best Ager)

Mit 63 % sind Männer in dieser Sub-Gruppe wesentlich stärker vertreten als Frauen, wobei der Großteil von ihnen zur Kategorie der 50 – 59 -jährigen zählt. Die Freizeitaktivitäten sind von einem überdurchschnittlichen Interesse an Technik gekennzeichnet. So nutzen 95% der erlebnisorientierten Älteren regelmäßig den Computer, wobei 52% auch Computerspiele spielt und 33% dieser Gruppierung mehrmals monatlich Videos und DVD's konsumieren. Die Wertorientierung lässt sich als stark lust- und erlebnisorientiert sowie von einer kritischen Grundhaltung geprägt charakterisieren, so dass „gerade dieser hedonistische, aktive, gesunde, gut gebildete und einkommensstarke Typus [...] die hohe Dynamik im Best Ager- Segment [verdeutlicht]" (TNS Infratest 2005: 34). Für das Seniorenmarketing ist es von Bedeutung, dass in dieser Subkategorie der Konsum von Unterhaltungselektronik, Auto, Mobilfunk oder Internet überdurchschnittlich hoch ist.

3.2 Von der Pyramide zum Pilz – zur demographischen Entwicklung

Die demographische Entwicklung in der Bundesrepublik ist als wichtigster Grund für die wachsende Bedeutung der Zielgruppe 50plus zu nennen, da die zahlenmäßig „schrumpfende Jugend ihre Schlüsselrolle an die Älteren [übergibt]" (Meyer- Henschel 2004: 6). Dabei stellt man fest, dass die BRD gleich *dreifach altert*:

So steigt der Anteil der über 60-jährigen sowohl prozentual als auch absolut, und der Anteil der Hochaltrigen nimmt zu. Trotz der zurückgehenden Geburtenhäufigkeit und der steigenden Lebenserwartung sollte man nicht von der „Überalterung" der Gesellschaft sprechen, da diese eine ideale Altersverteilung suggeriert, die aber nirgends normativ festgesetzt ist (Statistisches Bundesamt 2005 a).

Da die Rohzahlen des Bundesamtes keinem Interessenverdacht unterliegen, erscheinen sie für folgende Ausführungen am geeignetsten, wennschon die Schnittgrenze hier bei 60 Jahren, während sie in der Meinungsforschung jedoch bei 49 Jahren und im Seniorenmarketing meistens bei 50 Jahren liegt.

3.2.1 Bevölkerungsstruktur

Angaben des Statistischen Bundesamtes zufolge lag die Gesamtbevölkerung der BRD am 31.12.2004 bei 82,45 Millionen Menschen (Statistisches Bundesamt 2005 a).

Lag der Anteil der über 60-jährigen im Jahre 1992 bei 20,3%, vergrößerte er sich zum Ende des Jahres 2002 bereits auf 24,4%. Bevölkerungsvorausrechnungen prognostizieren für das Jahr 2030 einen weiteren Zuwachs auf 34,4%; im Jahr 2050 werden sogar 36,7% zu dieser Altersgruppe gehören (ebenda). Während dieser Bevölkerungsanteil rapide zunimmt, sank die Gesamtbevölkerungszahl erstmals seit dem Jahre 2003. Dies wiederum wird auf das Geburtendefizit – d .h. mehr Sterbefälle als Geburten – zurückgeführt (Statistisches Bundesamt 2004).

Damit ergibt sich für die Bevölkerungsstruktur folgendes Schaubild:

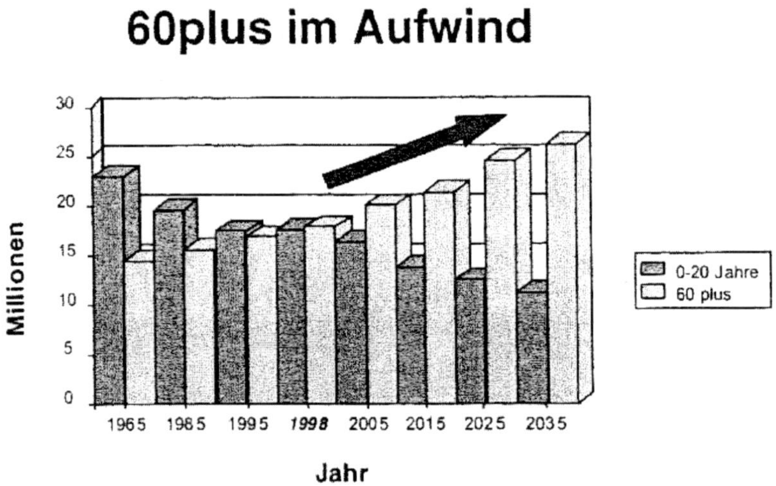

Abbildung 4: Absolute Zunahme der über 60-jährigen, Quelle: Meyer-Henschel 2004: 6

Die Skizze veranschaulicht, dass der Anteil der über 60-jährigen seit 1998 den Anteil der 0-20-jährigen überragt und sich Prognosen zufolge im Jahr 2025 verdoppeln wird. In absoluten Zahlen bedeutet dies, dass bereits 2005 rund 20 Millionen Menschen in Deutschland 60 Jahre und älter sind. Setzt man die Altersgrenze mit der Generation 50plus gleich, gehören im Jahre 2010 bereits 40% der Bevölkerung (Köhler/Majer/Wiezorek 2001: 4), im Jahre 2035 fast jeder zweite Bundesbürger zu dieser potenziellen Zielgruppe.

3.2.2 Steigende Lebenserwartung

Nicht nur die Anzahl der alten Menschen nimmt rapide zu, auch deren Lebenserwartung steigt. Dabei ist die gegenwärtige Lebenserwartung der Männer mit 75,9 Jahren nur noch 5,7 Jahre niedriger als die der Frauen, die im Durchschnitt 81,5 Jahre alt werden.

Statistisch betrachtet wird jede zweite Frau in Deutschland 84 Jahre alt, und jeder zweite Mann erlebt seinen 78. Geburtstag (FAZ vom 2.9.05). Des Weiteren führt die steigende Lebenserwartung führt dazu, dass das spätere Erwachsenenalter ab 50 Jahren bereits heutzutage mit 29 Jahren die längste Lebensphase darstellt. Das bedeutet, dass im Idealfall noch fast drei Jahrzehnte am Leben partizipiert und konsumiert werden kann.

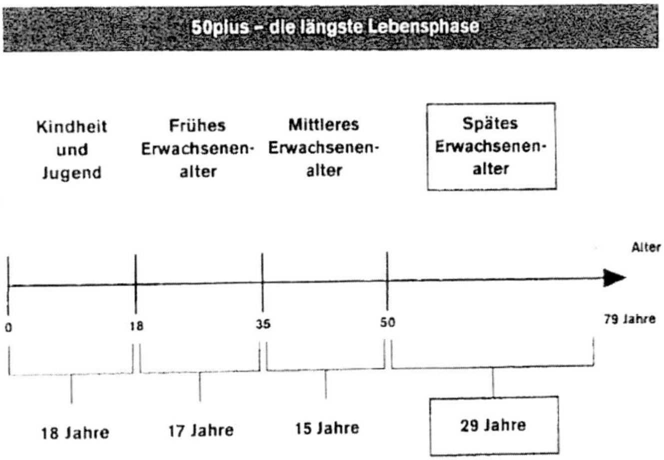

Abbildung 5: Späteres Erwachsenenalter wird immer länger, Quelle: Michael 2005: 15

Weiterhin besagen Vorausberechnungen für das Jahr 2050, dass die Lebenserwartung der Frauen im Jahre 2050 auf 86,6 und die der Männer auf 81,1 Jahre ansteigen wird (Statistisches Bundesamt 2004). Mit einer langsamen aber stetigen Tendenz gegen 100 Jahre ergibt sich somit, dass spätere 50plus- Generation möglicherweise das „halbe Leben" als Konsument vor sich haben werden. Abschließend ist anzumerken, dass in die Alterungsdebatte neben dem realen Alter immer mehr das subjektiv gefühlte Alter drängt, das durchschnittlich zehn bis 15 Jahren unter dem tatsächlichen Alter liegt (Michael 2005: 21). Somit wird die Zielgruppe „biologisch älter, bleibt aber mental jünger" (ebenda).

3.2.3 Das Alter ist (noch) weiblich

Obwohl die Männer im Jahre 2004 in der Lebenserwartung aufzuholen begannen (FAZ vom 2.09.2005), ist immer noch von einem demographischen Ungleichgewicht die Rede. Dabei sind Frauenüberschüsse bei der älteren und Männerüberschüsse bei der jüngeren Bevölkerung zu verzeichnen. Bei Frauen wird dies neben ihrer ohnehin höheren Lebenserwartung vor allem auf den Weltkrieg zurückgeführt, während der Männerüberschuss durch den höheren Geburtenanteil (105:100) und die Zuwanderung von männlichen Arbeitskräften erklärt wird (Statistisches Bundesamt 2004).

Der Frauenüberschuss kombiniert mit der These, dass die meisten Kaufentscheidungen [noch] von Frauen getroffen werden (vgl. Kroeber/Riel 2003: 465f.), ist ein zu berücksichtigender Aspekt für zusätzliche Potenziale im SeniorINNEN-Marketing. So existieren bereits erste Überlegungen, spezielle Anleitungen für Verkaufsgespräche mit weiblichen Automobilinteressierten oder potenziellen Computerkäuferinnen zu entwickeln.

Gleichzeitig wird die Konzentration auf die weiblichen Konsumentinnen durch die Tendenz relativiert, dass „Männer nach Ende ihres Arbeitslebens immer stärker in Kaufentscheidungsprozesse eingreifen oder eingebunden werden (Meyer-Henschel 2004: 44) und das sich die Rentenhöhen der Frauen noch nicht an das Rentenniveau der Männer angepasst haben, so dass Frauen eine geringere Kaufkraft haben, wenn sie allein stehend sind.

3.3 Finanzielle Situation

Eines vorweg: Die statistische Untersuchung der Einkommenssituation der Senioren ist problematisch. So fehlt es an einer „tief gegliederten und regelmäßigen Berichterstattung“ (Schmähl 1997: 29), und man muss man sich auf Selbstangaben der Befragten verlassen. Stichworte hierbei sind Falschangaben, die z.B. durch soziale Erwünschtheit oder durch die fehlende Übersicht der älteren Personen gemacht werden. Obwohl die Einnahmen aus ganz unterschiedlichen Einkommensquellen fließen, bestreitet der Großteil der älteren Menschen seinen Lebensunterhalt aus Zahlungen der gesetzlichen Rentenversicherung (Brünner 1997: 163).

So erhalten 90% der nicht mehr Erwerbstätigen Renten von der Angestellten- oder Arbeiter- Rentenversicherung oder Beamtenpension. Andere Geldquellen sind eigenes Kapital und Zinseinnahmen (18%), betriebliche Altersversorgung oder Zusatzversorgung für den öffentlichen Dienst (18%) oder Einnahmen aus Haus- und Grundbesitz (11%) (ebenda).

Entwicklung des Rentenniveaus von 1957 bis 2001

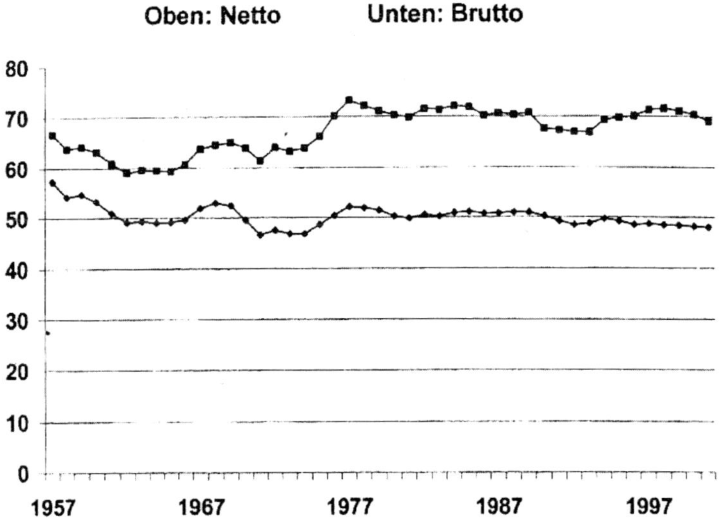

Abbildung 6: Die Entwicklung des Rentenniveaus von 1957- 2001, Quelle: Grohmann 2005: 12

Die Skizze (Brutto und Netto wurden von Autor verwechselt!) lässt vermuten, dass die Entwicklung des Rentenniveaus „nach anfänglichen Schwankungen bisher erstaunlich stabil" verlief (Grohmann 2004; 11) und somit nicht mit den gegenwärtigen Diskussionen über „reiche Alte" und „arme Alte" übereinstimmt.

Doch muss dieses differenzierter betrachtet werden, da vielerorts mit rechnerischen Mittelwerten gerechnet wird, so dass „eine Hand im Backofen und eine im Kühlschrank" einen finanziell gutsituierten Durchschnittssenior ergeben.

Diese Herangehensweise gibt keineswegs die „komplexe und multifaktorale Finanzsituation der Senioren" (ebenda) wieder. Ein Grund für die extrem unterschiedliche Finanzausstattung der Senioren ist, „dass die Einkommenslage [...] maßgeblich durch Entwicklungen und Entscheidungen in den davor liegenden Lebensphasen bestimmt wird“ (Schmähl/Fachinger 1998: 5).

Problematisch ist auch der Begriff „Nettoeinkommen“, das den Senioren nach Eintritt in den Ruhestand zu 60% zur „freien Verfügung“ steht (Krieb/Reidl 2001: 40), da fixe Ausgaben wie private Kranken- oder Pflegeversicherungen oder Unterhaltungen des Eigenheims nicht mit eingerechnet werden (Brünner 1997: 163).

Ähnlich verhält es sich mit Autos, da diese zum einen aus persönlicher Entscheidungsfreiheit von fast 70% der über 60-jährigen gehalten werden, zum anderen aber mit fixen Ausgaben verbunden sind, die nicht mehr anderweitig verlebt werden können (Hattemer 2005: 31).

Vor diesem Hintergrund müssen Hochrechnungen vorsichtig betrachtet werden, denen zufolge die 29,2 Millionen der Zielgruppe 50plus umfassende Bevölkerungsgruppe mit 9,7 Mrd. € (Michael 2005: 32) bzw. 9, 85 Mrd. € (Krieb/Reidl 2001: 40) „über 48% des frei verfügbaren Monatseinkommens verfügen“ (ebenda).

Für die Ausgestaltung des Seniorenmarketings ist wesentlich, dass diese Summe höchst unterschiedlich aufgeteilt ist, da die Märkte ihren Fokus auf die vermögenden Anteile dieser Bevölkerungsschicht richten. Abschließend muss betont werden, dass Konsumfähigkeit nicht mit Konsumbereitschaft gleichzusetzen ist. Konsumbereitschaft der Älteren ist im Folgenden ein Kapitel für sich.

3.4 Veränderte Zeitverwendung

Neben demographischen und finanziellen Veränderungen wird der „neue“ Tagesablauf mit neu zu füllenden Freizeitkontingenten als Grund für die Bedeutung dieser Zielgruppe angesehen. Dieser Annahme liegen zwei „unterkomplexe“ Überlegungen zu Grunde.

Zunächst wird „Freizeit“ als Abgrenzung zu „Arbeitszeit“ definiert und diese sogleich mit „freier Zeit“ gleichgesetzt. Demnach hätten „nicht mehr im Erwerbsleben Stehende 24 Stunden Freizeit täglich“ (Brünner 1997: 145). Die weiterführende Überlegung im Seniorenmarketing lautet, dass mit steigendem Freizeitpotenzial der Senioren ihr Bedarf an Gütern zunimmt oder künstlich erzeugt werden kann. Seniorenmarketing-Experten kommen zum Ergebnis, dass „gerade hier [gemeint ist der Übergang in den Ruhestand – d. Verf.] [...] Marketingmaßnahmen in Bezug auf die Freizeitgestaltung ansetzen [müssen]“ (Krieb/Reidl 2001: 36).

Aus sozialpsychologischer Sicht sind diese Annahmen jedoch problematisch. Dort werden „Regenerationstätigkeiten wie Schlaf, Erholung oder auch Erledigungen bei Behörden u.Ä. nicht zur Netto- Freizeit gezählt, so dass selbst „im Ruhestand lebende[n] Personen pro Tag durchschnittlich [„nur – d. Verf.] 6,3 Stunden zur freien Verfügung" [verbleiben]" (Gaube 1995: 108). Weiterhin besagen empirische Befunde, dass sich die meisten zentralen Orientierungen [nach dem Übergang in den Ruhestand] kaum verändern (Brünner 1997: 227). Stattdessen wird immer stärker die Frage aufgeworfen, ob sich statt der Präferenzen nicht vielmehr „die Gelegenheitsstrukturen und Kompetenzen [...] im Alter verändern" (Heinze/Helmer-Denzel/Wilde 2005: 11).

Schließlich ist anzumerken, dass der „Übergang vom Berufsleben in den Ruhestand" immer seltener von heute auf morgen geschieht, „sondern sich über Jahre hinzieht" (Heinze/ Helmer- Denzel/ Wilde 2005: 6). Auch das breite Spektrum an außerfamiliärem, freiwilligem oder bürgerschaftlichem Engagement der Pensionäre und Rentner belegt, dass man nicht länger von einer klassischen Trennung der beiden Lebensbereiche „Arbeit" und „Privates" sprechen kann (ebenda). Trotzdem kann es zu einem „Pensionierungsschock" (Becker 1998: 32) kommen, da in der Umbruchsphase „erhebliche Umstellungs- und Anpassungsleistungen" (Becker 1998: 33) an die Organisation der neu gewonnenen Freizeit gestellt werden, die nach Befunden von Powers vor dem Ruhestand jedoch als höher eingeschätzt werden als sie „nachher tatsächlich eintraten" (Lehr/Thomae 1991: 122).

Dass die Anpassungsleistungen nach Renteneintritt alleine durch erhöhte Konsummöglichkeiten erfolgreich gemeistert werden können, kann eher als gewinnorientierte Marketing- Wunschvorstellung als eine hilfreiche und sinnvolle Gestaltungsmöglichkeit der Freizeit im Sinne des Verbrauchers bewertet werden.

3.5 Der Wertewandel

Neben demographischen, finanziellen und Veränderungen im Tagesablauf ist in der Zielgruppe 50plus ein „rasch voranschreitender Wertewandel erkennbar, der [...] in den nachfolgenden Generationen deutlich[er] zum Tragen kommen wird" (Heinze/Helmer-Denzel/Wilde 2005:9). Dabei umreißen die Begriffe „Ökologie, Gesundheitsbewusstsein, qualitatives Wachstum, unternehmerische Sozial- und Umwelt-Verantwortung, Zukunftsorientierung [...] [die] favorisierte[n] Wertesysteme [...] von [älteren] Konsumenten" (Halstenberg 1996: 3). Auch Einstellungsveränderungen begünstigen den Übergang von „materialistischen" zu „postmaterialistischen Werten" (Inglehart). Dem gesellschaftlichen Wertewandel liegen zwei unterschiedliche Begründungsmuster zu Grunde.

Die erste Position basiert auf der „Nachhol-These", der zufolge die heute 50 – 70-jährigen in der Nachkriegszeit geboren und aufgewachsen sowie von Entbehrung und Verzicht geprägt worden sind. Die „neuen" Möglichkeiten der gegenwärtigen Freizeit- (Opaschowski) , Risiko- (Beck) oder Erlebnisgesellschaft (Schulze) erlauben ihnen, zu einem „inneren Befreiungsschlag" (GfK 1992: 46) auszuholen und dem „aufgestaute[n] Nachholbedarf" (ebenda) nachzugehen.

Auf der anderen Seite wird von Marketingexperten argumentiert, dass die Zielgruppe 50plus gerade *nicht* mehr zur Kriegsgeneration zählt, sondern vielmehr der 1968er-Generation entstammt. Diese sei ab den goldenen 1950er Jahren an die Konsumgesellschaft herangeführt worden und habe die postmodernen Wertevorstellungen somit a priori verinnerlicht (Härtl-Kasulke 1998: 5). Interessant ist auch eine weiterführende Annahme, nach der die 50plus Konsumenten selbst „unsere Wohlstandsgesellschaft miterschaffen haben und demzufolge „[...] seit Jahren *ihre* Produkte und *ihre* Dienstleistungen [einkaufen]" (ebenda).

An dieser Stelle sei angemerkt, dass beide Konzepte nur diejenigen Menschen einschließen, die ihre frühkindliche Sozialisation in der BRD verbracht haben. Weiterhin müssen sich diese gegensätzlich argumentierenden Konzepte nicht widersprechen, sondern können einen Generationsübergang markieren, der sich in den nächsten Jahren eindeutig zu Gunsten der „Neuen Alten" verlagern wird. Mit dem Zusammenstoß der Wirtschaftswunder- und 68-er Generation vollzieht sich somit ein „Wertewandel sowohl in Richtung Konsumismus/Materialismus als auch in Richtung Hedonismus/Postmaterialismus" (Neunzig 2000:714). Folglich sieht sich auch das Seniorenmarketing mit einer exorbitanten Anspruchshaltung der Kunden konfrontiert, da verschiedene Lebenswelten aufeinanderprallen: Die Sparsamkeit und Pflichterfüllung der Kriegsgeneration gepaart mit dem gewohnten materiellen Wohlstand der Wirtschaftswundergeneration und der unendlichen Suche nach Selbstverwirklichung der 68er-Generation stellen hohe Herausforderungen an die Entwicklung und Vermarktung von „seniorengerechten" Produkten und Dienstleistungen dar.

Schließlich wird auch in der Wertewandel-Debatte das Spannungsverhältnis zwischen sozialwissenschaftlich orientierten Ergebnissen und der ökonomischen Verwertbarkeit im Seniorenmarketing deutlich. Obwohl „die Befunde auf diesen Gebieten [gemeint ist die Werteverschiebung im Alter – d. Verf.] nur ausgesprochen dünn gesät sind" (Brünner 1997: 108) und sozialwissenschaftliche Studien oftmals zu den Ergebnissen gelangen, dass die „Unterschiede [bezüglich der Werthaltungen – d. Verf.] zwischen den Alters- [...] gruppen [...] nicht so stark ausgeprägt [sind], wie man vielleicht annehmen würde" (Becker 1998: 93), lauten die publizierten Leitsätze des kommerziellen Seniorenmarketings „Neuer Lebensgenuß mit 50plus", „Mit Opa und Oma aus dem Wirtschaftskoma" oder „Von der ‚Spar'- zur 'Wir haben es uns verdient' - Generation" (Michael 2005: 14).

3.6 Fazit: Gründe für die wachsende Attraktivität der Zielgruppe 50plus

Die wachsende Bedeutung der Zielgruppe 50plus basiert auf ihrem zahlenmäßigen und finanziellen Machtzuwachs sowie ihren potenziellen Veränderungen bezüglich Zeitverwendung und Wertehaltung. Der Demografie kommt dabei eine zentrale Bedeutung zu, da sie über den Ist-Zustand hinaus Prognosen zur Bevölkerungsentwicklung oder dem Anstieg der Lebenserwartung macht, die für den langfristigen strategischen Aufbau des Seniorenmarketings von Bedeutung sind.

Ferner sind der verbesserte Gesundheitszustand im Alter, die zunehmende Aktivitäts- und Mobilitätsbereitschaft im Alter oder paradoxerweise die immer länger subjektiv empfundene Jugendlichkeit weitere denkbare Faktoren für die zunehmende Wichtigkeit dieser Bevölkerungsschichten für Wirtschaft und Gesellschaft (vgl. Krieb/Reidl 2001: 5f.). Daraus lässt sich gleichzeitig folgern, dass die mittellosen, morbiden und passiven alten Menschen nicht zum Zielschwerpunkt des klassischen Seniorenmarketings zählen. Abschließend ist anzumerken, dass die sozialwissenschaftlichen Ergebnisse bezüglich der wachsenden Konsumkraft der Zielgruppe oftmals „gemäßigter" und „vorsichtiger" sind, als es in Seniorenmarketing- Ratgeberliteratur vielerorts dargestellt wird.

4 Konsumverhalten

Konsumverhalten muss wie jedes andere soziale Handeln vor dem Hintergrund der Lebenslage betrachtet werden (Becker 1998: 50), so dass die Frage nach altersbedingten Verhaltensänderungen wesentlich ist:

Während der Übergang von Arbeitszeit zum Rentnerdasein zumindest problematisiert wird, ist die „Variable ‚Alter' für das Konsumentenverhalten [noch- d. Verf.] umstritten" (ebenda).

4.1 Konsumverhalten im Alter: Wichtig und wenig erforscht

Gegenwärtig herrscht im Marketing eher die Meinung vor, dass sich „das Kaufverhalten der Generation 50plus [...] signifikant verändert [hat]" (Michael 2005: 6), während viele soziologische Studien ihre Ergebnisse mit der Kontinuitätsthese belegen (vgl. Brünner 1997), die ein Fortführen des bereits ansozialisierten Konsumverhaltens bei älteren bedeutet.

Einigkeit in beiden Disziplinen besteht darüber, dass ältere Menschen dem Einkaufen eine hohe Bedeutung beimessen, doch wird dieses Konsumverhalten von den jeweiligen Disziplinen anders interpretiert: Während die Soziologie dieses Verhalten mit der Partizipationsmöglichkeit am öffentlichen Leben begründet (vgl. Brünner 1997: 177), leitet das Marketing darin oftmals einen Beweis für die bessere Finanzausstattung im Alter ab (Krieb/Reidl 2001: 43).

Sowohl Soziologie als auch das Marketing beobachten, dass sich Ältere vor dem eigentlichen Kaufprozess vergleichsweise intensiv beraten lassen, wobei dieses sowohl mit Informationsbedarf als auch Kommunikationsfreude interpretiert wird (vgl. Meyer-Henschel 2004: 13). Dabei spielen eigene, jahrelang gesammelten Konsumerfahrungen und die eigene Urteilskraft eine stärkere Rolle als der Einfluss von aussen, dem beispielsweise Jugendliche ausgesetzt sind (vgl. Kroeber-Riel 2003: 448).

Des Weiteren belegen Untersuchungen in beiden Disziplinen, dass ältere Menschen bei ihrer Produktwahl häufiger auf Qualität achten und darunter vor allem „Langlebigkeit, Funktionalität, Glaubwürdigkeit und Zeitlosigkeit" verstehen (Grunder/Rutishauser 2004: 9). Gleichzeitig verbinden Ältere Qualität stärker mit Marken als jüngere Verbrauchergruppen (Köhler/Majer/Wiezorek 2001: 5), was den Erfolg klassischer Traditionsmarken teilweise erklärt.

Weiterhin gelten Ältere „eher als markenbewusst als preissensibel" (Gaube 1995: 102), wobei bei Produkten des alltäglichen Gebrauchs stärker gespart wird als beispielsweise in Bereichen von Kleidung, Unterhaltungselektronik oder Reisen (vgl. Grunder/Rutishauser 2004: 9). Dabei zeigen Senioren eine höhere Markentreue als Jüngere (ebenda), wobei die Loyalität im Zeitalter von konkurrenzlos günstigen Discountartikeln auf eine harte Probe gestellt wird.

Ferner besagen Marktforschungsstudien, dass „immerhin 44% der Befragten über 50 Jahre im Durchschnitt 15 mal jährlich in Bio- und Naturkostläden sowie Reformhäusern einkaufen" (Gerling/Naegele/Scharfenorth 2004: 296), was auf ein gesundheitszentriertes und umweltbewusstes Konsumverhalten schließen lässt. Dabei geben gesundheitlich eingeschränkte Menschen mit 22,4% ihres disponiblen Einkommens 3,2% mehr Geld für Nahrungsmittel aus als ihre gesundheitlich uneingeschränkten Altersgenossen (ebenda).

Neben Gesundheitsprodukten interessieren sich Ältere verstärkt für die Segmente Körperpflege und Haushaltsgeräte (Stütz 2000: 493), aber auch im Freizeitbereich (besonders Reisen) ist von einer weiteren Konsumzunahme auszugehen (vgl. Brunswig 2005:11).

4.2 Konsumtheorie von Engel, Blackwell und Miniard (1990)

Für die Fragestellung dieses Buches ist das Konsumtheorie von Engel, Blackwell und Miniard aus dem Jahre 1990 interessant, die zur Klärung von Konsumverhalten psychologische und soziologische Determinanten mit einbezieht. Das Modell eignet sich auch deshalb, weil das Alter „one of the most helpful proxy variables for determination of motivation and interest" darstellt (Becker 1998: 62).

Nichtsdestotrotz ist auch diese Theorie des Konsumentenverhaltens wie die meisten gängigen Modelle noch „längst nicht in sich geschlossen" und kann eher „partielle Aussagen" als eine „umfassende Antwort" bezüglich des Konsumverhaltens Älterer liefern (Köhler/Majer/Wiezorek 2001: 103).

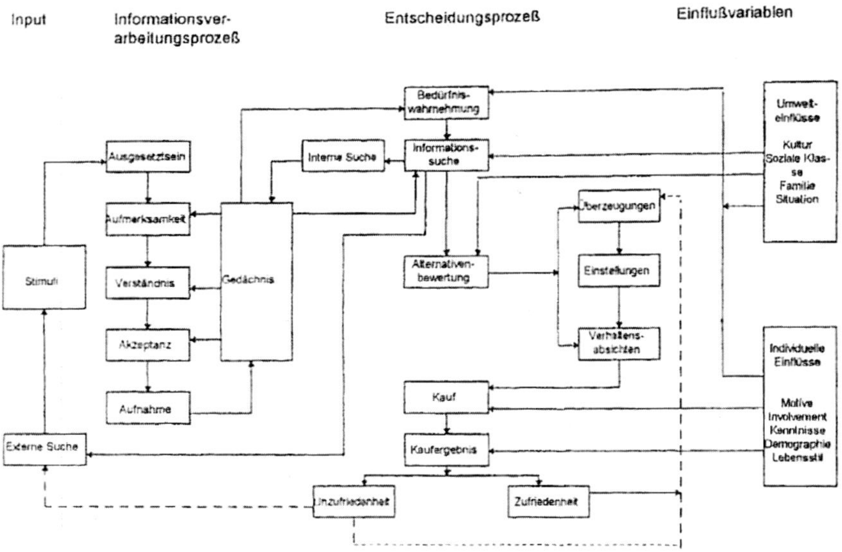

Abbildung 7: Kaufentscheidungsmodell von Engel, Blackwell und Miniard. Verkleinerte Skizze dient lediglich zur Komplexitätsdemonstration, Quelle: Becker 1998: 66

Die den Kaufentscheidungen vorausgehenden Phasen von „Ausgesetztsein, Aufmerksamkeit, Wahrnehmen, Verstehen und Aufnahme" dienen zur Informationsverarbeitung, an die sich der eigentliche Entscheidungsprozess anschließt. Dieser Entscheidungsprozess wird durch individuelle Unterschiede (Motive, Involvement, Kenntnisse, Demographie, Lebensstil) und Umwelteinflüsse (Kultur, soziale Klasse oder familiäre Situation) beeinflusst.

Weiterhin differenzieren Engel, Blackwell und Miniard nach „extensiven" und „habitualisierten Entscheidungsprozessen", wobei die extensive Entscheidungsart der gedanklichen Steuerung der Kaufentscheidung bedarf, da „zunächst „kognitive Anker [fehlen]" (Weinberg 1989: 13).

Der habitualisierte Kaufentscheidungsprozess hingegen verläuft quasi automatisch und bedarf daher keiner kognitiven Steuerung. Neben der extensiven und habitualisierten Entscheidung fehlen in dieser Theorie die „limitierten" Kaufentscheidungsprozesse, die gerade das Konsumverhalten älterer Kunden beschreiben, da sie von „Wissen bzw. Erfahrung" geprägt sind (vgl. Weinberg 1981: 13).

Auch kann aus der heutigen Perspektive an dieser Theorie kritisiert werden, dass nicht explizit zwischen geschlechtsbedingten Unterschieden im Kaufverhalten unterschieden wird, obwohl heutzutage die Männer eher den „Bedarfs-“ und Frauen den „Gelegenheitskäufern“ zugeordnet werden (FAZ vom 2.9. 2005), was – laut der Kontinuitätsthese – auch auf die weiblichen und männlichen Senioren übertragbar sein müsste. Auch zum Konsumverhalten der in Deutschland lebenden älteren *ausländischen* Konsumenten macht diese Theorie keine Angaben.

Schließlich erscheint in dieser Theorie die Suggestion problematisch, dass sich deterministische Annahmen über die Verhaltensreaktionen und Konsumpräferenzen von älteren Konsumenten machen lassen. Das Gegenteil ist zusehends der Fall. Demnach haben ältere Konsumenten trotz Kontinuität in ihren Kaufentscheidungen ein zunehmendes Bedürfnis nach Abwechslung. So zählen die Phänomene „Variety-“ (Köhler/Majer/Wiezorek 2001: 103) oder „Sensation Seeking“ (Stihler 1998: 187) sowie „Produkt-Hopping“ zu den größten Herausforderungen im aktuellen Marketing und werden folglich auch das Seniorenmarketing belasten.

4.2.1 Psychologische + soziale Determinanten des Konsumverhaltens

Zu den psychologischen (oder „inneren“ oder „individuellen“) Entscheidungseinflüssen zählen all jene Determinanten, die innerhalb der Person selbst wirken, während soziale Determinanten (oder „Umweltdeterminanten“) die Konsumenten von außen erreichen (Becker 1998: 62). Da „die Bedeutung der äußeren Einflussgrößen für Kaufentscheidungen [auch im Alter – d. Verf.] geringer wird“ (vgl. Kroeber-Riel 2003: 448), werden im Folgenden die Determinanten erörtert, die innerhalb der Person selbst wirken. Dabei werden in der Marketingliteratur verstärkt die psychologischen Determinanten betrachtet, die das Individuum antreiben und „[...] dafür [sorgen], dass das Individuum aktiv wird und handelt“ (Kroeber-Riel 2003: 225). Zu diesen Determinanten gehören die Emotion, Motivation und Einstellung, die in folgenden Kapiteln als Gleichungen nach Kroeber-Riel dargestellt werden (vgl. 2003: 56f.).

4.2.1.1 Emotionen = zentralnervöse Erregungsmuster + (kognitive) Interpretation

Dieser Einflussfaktor ist entscheidend für das Konsumverhalten, weil Emotionen die Wahrnehmung, das Denken und das Handeln „stimmungskongruent“ beeinflussen (Behrens 1991: 85) und sich emotionales Erleben im Alter verändert. Während Krieb/Reidl zum Entschluss kommen, dass „im Alter [...] jede kleinste Aufregung [...] starke Emotionen hervor [ruft]“ und Ältere deshalb fremde Situationen vermeiden und sicherheitsbedachter agieren (Krieb/Reidl 2001: 69), spricht Becker von einer Abnahme des „Erregungsniveaus" im Alter (Becker 1998: 81). Einigkeit besteht über die Bedeutung von Emotionen für die Kommunikation, was sich in der Emotionalisierung von Werbung widerspiegelt. Dem liegt das Schema zu Grunde, dass der Kunde bei emotionaler Hingezogenheit weniger Wert auf eine objektive Informationssuche legt. Weiterhin gilt es in der Sozialwissenschaft als auch im Werbemarketing als erwiesen, dass positive Emotionalisierung prinzipiell als gewinnbringender betrachtet wird als Werbung, die auf negative Gefühle abzielt (Brünner 1997: 101).

So gelten Kindchenschemata – auch in Zeiten von hoher Kinderlosigkeit – als ein gängiges Instrument zu Aufmerksamkeitssteigerung bei Frauen (Kroeber-Riel 2003: 535), und auch Appelle an Gesundheit, Prestige oder Lebensfreude sind im Zeitalter der fortschreitenden Erlebnisorientierung der Gesellschaft vielversprechend (Kroeber-Riel 2003: 114). Da im fortschreitenden Alter jedoch auch die „Naivität [...] der Skepsis" platzmacht und Skepsis mit erhöhter Vorsicht einhergeht (Lewis 1996: 113), ist im Seniorenmarketing auch das Spiel mit der Angst sehr lukrativ.

Hierbei bedient man sich der folgenden Eigenschaften von Angst: Sie ist nicht objektivierbar, tritt in vielen Formen auf, ist ein kollektiv und individuell auftretendes Gefühl ist und kann künstlich ebenso erzeugt wie auch reduziert werden (vgl. Karmasin 1993, Lewis 1997 und Meyer- Henschel 2000). Der größte „Vorteil" für die Industrie liegt darin, dass jeder Form von Angst bestimmte Produkte und Dienstleistungen entgegenwirken können: Flugangst begegnet man mit speziell auf Ältere ausgerichteten Reisekonzepten (Tui-Tourismus-online 2006); Technologieangst beugt man mit Seniorenhandys vor (Pure mobile-online 2005), und der Angst vor Einsamkeit wird durch computeranimierte Babypuppen als Enkelersatz (Seniorenmarkt-online 2005) entgegengewirkt.

Diese überspitzte Auflistung soll verbildlichen, dass sich finanzielle Wirtschaftsinteressen und sozial-psychologische Bedürfnisse der Generation 50plus im ständigen Spannungsverhältnis befinden.

4.2.1.2 Kaufmotivation = Emotion + (kognitive) Zielorientierung

Diese Determinante, die in Marketing-Kreisen schlicht als „Ambition der Werbung" (Halstenberg 1996: 50) subsumiert wird, fragt nach dem „Warum?" des Kaufverhaltens und hängt eng mit der Emotion zusammen. Im Hinblick auf die Kaufentscheidung scheint der Ansatz am zutreffendsten, der Motivation als ein Ergebnis vom Zusammenwirken von „Emotion und kognitive[r] Zielorientierung" betrachtet. So setzt Emotionalisierung „blinde Energie" frei, die mit Hilfe „kognitive[r] Prozesse gebündelt und kanalisiert wird" (Brünner 1997: 101). „Der Motivationsprozess baut also auf einer vorhandenen Emotion auf" (Kroeber-Riel 2003: 56). Des Weiteren existiert im Marketing die Annahme, dass Motive nicht unveränderbar, sondern „erlernbar" (Karmasin 1993: 53) sind. Während Freud oder Adler menschliches Handeln auf nur eine Ursache zurückführen (Trieb bzw. Streben nach Geltung), gewinnen die höheren Sphären der Maslow'schen Pyramide mit steigendem Wohlstand für die Zielgruppe 50plus an Bedeutung: (Brünner 1997: 103).

Selbst die Ausgestaltung eines speziellen Seniorenmarketings kann als Indiz gedeutet werden, dass sämtliche primären Bedürfnisse gedeckt zu sein scheinen. Die Senioren konsumieren nicht mehr allein aus praktischen Erwägungen und objektivem Nutzen, sondern verstärkt aus einem Bedürfnis nach Selbstverwirklichung (Alterswohnsitz in Spanien), nach sozialer Anerkennung (Neuwagen nach Erwerbsleben als Kompensation von beruflichem Status) oder einer Prestigemotivation (Kreuzfahrt in die Karibik).

4.2.1.3 Einstellung = Motivation +(kognitive) Gegenstandsbeurteilung

Diese Determinante basiert auf der Motivation, die wiederum aus einer Emotion resultiert (Kroeber-Riel 2003: 56) und ist in der heutigen Konsumentenforschung stark etabliert, obwohl hinsichtlich dieser Kategorie im wissenschaftlichen Diskurs große Kontroversen bestehen.

So betonen die sozialwissenschaftlichen Disziplinen, dass „im Alter kaum noch eine Veränderung von Einstellungen auf[tritt]" (Becker 1998: 84) oder Senioren „Einstellungsänderungen nach Möglichkeit [...] vermeiden", um das im Laufe der Lebensjahre aufgebaute „Einstellungssystem" nicht mit Umorientierungen zu belasten (Brünner 1997: 106). Entgegen der „Aging-Stability"-These (ebenda) argumentieren Vertreter aus marketingnahen Bereichen, dass die Konsumenten nicht per se festgelegter oder unflexibler seien, sondern lediglich „weniger Einflüssen ausgesetzt [sind] als Jüngere und

[...] deshalb „mehr Anstöße [brauchen], bis sich die Einstellung ändert“ (Krieb/Reidl 2001: 48). Das Marketing spricht dabei auch von „intendierte[r] Verhaltensbeeinflussung“ (Halstenberg 1996: 51). Dass Verhaltensbeeinflussung im Normalfall nicht zum Zwecke der Verbraucherfreundlichkeit praktiziert wird, ist eine weitere kritische Eigenschaft von Seniorenmarketing.

4.3 Fazit: Präferenzen, Probleme und Potenziale älterer Konsumenten

Ein zentraler Aspekt im Zusammenhang mit Konsumpräferenzen Älterer ist Kontinuität: Wer in jungen Jahren eine Vorliebe für Kosmetik entwickelt hat, wird diese auch im gehobenen Alter konsumieren, während kaum ein Senior zum Globetrotter wird, der sein gesamtes Leben über das eigene Heim favorisierte. Zudem gewinnt der Lebensstil Älterer mit seinen zunehmend „divergierenden Verhaltensweisen bzw. Multioptionalität“ (vgl. Berger 2005: 119) an Bedeutung für die Konsumforschung.

Diese Multioptionalität der Konsumenten stellt die größte Chance und Herausforderung für das Seniorenmarketing dar. So ist sowohl aus Verbraucher- und Unternehmersicht die Angebotsvielfalt und Präsentation problematisch, da sie sowohl die Orientierung des Konsumenten erschwert als auch den Unternehmer immer stärker herausfordert, Produkte und Dienstleistungen mit hohem Wiedererkennungswert zu gestalten. Zudem bringt die Produkt- und Verpackungsgestaltung eine Reihe von Problemen und Schwierigkeiten für denjenigen Konsumenten mit sich, der in seiner motorischen oder sensorischen Fähigkeiten eingeschränkt ist.

Zu den Potenzialen des Verbrauchers zählen neben seiner demografischen und finanziellen Macht Wissen und Erfahrung im Konsumgüterbereich, das meist ein überdurchschnittliches Qualitätsbewusstsein im Alter mit sich bringt. Des Weiteren stehen den durchschnittlichen Senioren täglich 6,3 Stunden Freizeit für die Partizipation an der Konsumwelt zur Verfügung (Gaube 1995: 108).

5 Die wichtigsten Seniorenmärkte

Im folgenden Kapitel werden sechs wesentliche Seniorenmärkte der Bundesrepublik skizziert, wobei Seniorenmarketing als eine Strategie verstanden werden, um „Bedürfnisse und Wünsche [älterer Konsumenten – d. Verf.] durch Kommunikations- und Austauschprozesse zu befriedigen und Produkte und Dienstleistungen besser und wirkungsvoller anzubieten als die Konkurrenz“ (vgl. Halstenberg 1996: 6).

Ausgehend von einem ausgewählten Werbeslogan in der Überschrift soll ein zentraler Aspekt des zu untersuchenden Marktes erörtert und um andere Gesichtspunkte der Branche ergänzt werden. Danach erfolgt die Einbettung in die Marketingpraxis, d.h., es werden neuste Entwicklungen präsentiert und auf ihre Defizite hin beleuchtet. Diese Defizite sollen als gedankliche Überleitung zum nächsten Abschnitt über Optimierungsansätze dienen.

Da Wissenschaftsliteratur dem aktuellsten Forschungsstand naturgemäß immer einige Jahre hinterherhinkt, werden zur Darstellung der allerneusten Entwicklungen auch Inhalte aus aktuellen Tagungen zum Thema oder aus einschlägigen Publikationen im Internet aufgegriffen.

5.1 Gesundheit - „...damit Sie auch morgen noch kraftvoll zubeißen können“

Da Gesundheit eine wesentliche Voraussetzung für ein aktives Leben ist, zählt diese Sparte zu den ältesten und größten Seniorenmärkten. Dabei kann gesunde Lebensführung und medizinische Versorgung die Beeinträchtigungen des Alterns niemals gänzlich vermeiden, sondern lediglich hinauszögern und reduzieren (Bundesminister für Jugend, Familie, Frauen und Gesundheit 1986: 9). Ferner lassen sich in „allen Segmenten des Gesundheitsmarktes [...] Bereiche identifizieren, deren private Nachfragepotenziale [gerade unter Älteren] erblühen“ (Heinze/Helmer- Denzel/Wilde 2005: 24), wobei die Angebote „stark einkommensabhängig wahrgenommen werden“ (ebenda) und „Frauen in allen Altersklassen ein signifikant höheres Gesundheits- und Vorsorgebewusstsein“ zugeschrieben wird (Schiebel 2005: 1).

Zu den traditionellen Absatzstätten für Arznei- und Gesundheitsmittel zählten im Jahre 2004 insgesamt 49.920 Verkaufsstätten, die sich zum größten Teil aus Apotheken und

Drogeriemärkten zusammensetzten (Schiebel 2005: 5). Dabei zählten Husten- und Erkältungsmittel (1.008 Mio. €), Magen und Verdauung (601 Mio. €) sowie Schmerzmittel (474 Mio. €) zu den umsatzstärksten Produktgruppen, wobei insbesondere die Bereiche „Prävention, Selbstmedikation und Wellness" als zukunftsweisend betrachtet werden (ebenda).

5.1.1 Schwerpunkt Prävention

Wie der eingangs erwähnte Werbeslogan aufzeigt, ist die angestrebte Stärkung des Faktors „Prävention" eine wichtige Zielsetzung der Gesundheitsbranche. Dass der Trend im medizinischen Bereich immer weiter vom *Ver*sorgen zum *Vor*sorgen geht, kommt mit einer steigenden Nachfrage nach Selbstmedikation zum Ausdruck. Diese umfasst sämtliche „eigenverantwortliche Maßnahmen mit rezeptfreien Arzneimitteln zur Erhaltung der Gesundheit und zur Behandlung von Gesundheitsstörungen" (Schiebel 2005: 1).

Selbstmedikation hat den Vorteil, dass keine ärztliche Verordnung besteht und bei leichteren Befindlichkeitsstörungen ärztlicher Rat entbehrlich ist, was wiederum dem überlasteten Gesundheitssystem entgegenkommt (ebenda). Neben den rezeptfreien Arzneimitteln stehen dem Konsumenten auch Nahrungsergänzungsmittel (z.B. Vitaminpräparate), medizinische Körperpflegemittel (z.B. Gesundheitsbäder) oder diätetische Lebensmittel zur Verfügung. Nachteile der Selbstmedikation für ältere Patienten sind die fehlende Kontrollinstanz oder die nur unzureichende Kurierung ernsthafter Erkrankungen und Leiden, die gerade im Alter verstärkt auftreten können. Schließlich sieht der präventive Gesundheitsmarkt auch in gesunden Konsumenten Potenziale.

5.1.2 Veränderte Ernährungsbedürfnisse im höheren Alter

Neben der klassischen medizinischen Versorgung trägt die Ernährung entscheidend zu einer gesundheitsbewussten Lebensführung bei. Dabei ändern sich die Ansprüche an die Ernährung im höheren Alter, weil sich neben den altersbedingten Veränderungen auch Faktoren wie die Lebenssituation, das Einkommen, das soziale Umfeld, oder die Wohnsituation verändern (Aid Infodienst 2004: 42ff.).

Zu den biologischen altersbedingten Veränderungen, die sich unmittelbar auf das Essverhalten auswirken, zählt z.B. die Schwächung der Zellen in der Bauchspeicheldrüse, die zu einer schlechteren Regulation des Blutzuckers und schließlich zu Diabetes mellitus – der so genannten „Altersdiabetes“ – führen kann. Aber auch die nachlassende Verdauungstätigkeit, die „schlechtere Resorbierung von Nährstoffen“, der geringer werdende Energiebedarf oder Kauschwierigkeiten durch fehlende Zähne oder falsch sitzende Zahnprothesen machen deutlich, dass sich Ansprüche an die Ernährung im Alter verändern (ebenda). Auch Medikamente wie Entwässerungstabletten und Rheumamittel oder im Alter auftretende Sinnesveränderungen können maßgeblich den Appetit beeinflussen und somit eine Fehlernährung begünstigen.

Weiterhin ergaben Untersuchungen, dass sich die Sensibilität des Geschmackssinns ab dem 50. Lebensjahr langsam und ab dem 60. Lebensjahr dann deutlich schneller verringert (Gaube 1995: 61), wobei dies besonders für Süßes und Salziges zutrifft, während der Geschmackssinn für Bitter und Sauer vermutlich evolutionsbedingt erhalten bleibt. Eng mit dem Geschmackssinn verbunden ist der Geruchssinn, der im Alter ebenso nachlässt und den Appetit beeinflussen kann. Daraus ergibt sich, dass „die Stimuli [...] stärker werden [müssen], um bei älteren Personen die gleiche Reaktion wie bei jüngeren auszulösen.“ (Gaube 1995: 61).

Ernährungswissenschaftler betonen, dass nur eine rechtzeitige und umfassende Anpassung der Ernährung an die individuellen Veränderungen einer Unterversorgung mit Energie- und Nährstoffen vorbeugen kann (Aid Infodienst 2004: 19) Damit ist also nicht die Verkleinerung von Essensportionen gemeint, die sich auch in der Gastronomie im Rahmen von so genannten „Seniorentellern“ nicht durchsetzen konnte (Hier dürfte der Grund allerdings eher die latente Diskriminierung als eine falsche Nährstoffzusammensetzung sein). Vielmehr geht es darum, individuelle Ernährungspläne zu erstellen, der an die Bedürfnisse der einzelnen älteren Menschen abgestimmt sind.

Mindestens genauso wichtig wie die Abstimmung der Lebensmittel ist regelmäßiges und ausreichendes Trinken im Alter, da es den Kreislauf aufrecht erhält sowie die Verdauung und Leistungsfähigkeit fördert (Aid Infodienst 2004: 30). Neben der inhaltlichen Zusammenstellung der Zutaten gilt es auch, Essens-Anreize durch eine entsprechende äußere Aufmachung zu schaffen.

5.1.3 Seniorenmarketing in der Ernährungsbranche

Durch eine höhere Sensibilität in der Lebensführung sowie gewinnt „Functional-Food“ als Grenzbereich zwischen Medikament und Ernährung an Bedeutung. Damit sind Lebensmittel gemeint, die über ihre Ernährungsfunktion hinaus gesundheitlich bedeutsame, physiologische Parameter langfristig und gezielt beeinflussen sollen. Anders als Nährstoffkonzentrate oder Nahrungsergänzungsmittel gelangen diese „Nutraceuticals“ in typischen Lebensmittelformen in den Handel. Die großen Lebensmittelkonzerne investieren hohe Summen in die Forschung über funktionelle Lebensmittel. Prognosen zufolge könnte diese Lebensmittelsparte in den nächsten 10 Jahren einen Anteil von 10% am gesamten Lebensmittelmarkt erreichen (Vis Bayern-online 2005).

Zu den erfolgreichsten gesundheitsfördernden Nahrungsmitteln zählen z.B. cholesterinsenkende Margarinen, Omega-3-Brot oder probiotische Milchprodukte, wobei sich besonders ältere Menschen von Slogans wie "unterstützt körpereigene Abwehrkräfte" oder "leistet einen aktiven Beitrag zum Wohlbefinden" stark angesprochen fühlen. So hat allein der Absatz probiotischer Joghurts innerhalb der letzten 24 Monate um durchschnittlich 82% zugenommen (Schiebel 2005: 5), was auf eine Akzeptanzerhöhung des Themas Immunstärkung schließen lässt (ebenda). Des Weiteren senkte die Firma Nestle den Natriumgehalt ihrer Suppen, „da viele ältere Menschen wegen zu hohem Blutdruck natriumarme Lebensmittel bevorzugen“ (Grunder/Rutishauser 2004: 19). Andere Lebensmittelhersteller wiederum heben den niedrigen Fettgehalt ihrer Produkte hervor, da der Energiebedarf im Alter abnimmt und gleichzeitig die bewusste Lebensführung im Alter einen immer höheren Stellenwert einnimmt. Selbst das Schnellrestaurant McDonalds wendet sich mit seiner „De Luxe“-Reihe verstärkt an den älteren Kunden. Auch die Süßwarenindustrie fokussiert die älteren Konsumenten, wenn sie beispielsweise Sahnebonbons mit einem älteren Opa und seinem Enkel bewirbt oder Schokoladenpudding „wie früher“ von Hand rühren lässt.

In der Getränkebranche dominieren Gemüsesäfte und Wellnessgetränke als Produkte mit hohem Seniorenabnehmeranteil. So hat sich das Traditionsunternehmen EDEN mit seiner Produktion von Gemüsesäften auf die ältere Zielgruppe spezialisiert, da beispielsweise 85% der Abnehmer von Rote-Bete-Säften über 50 Jahre alt sind (Stütz 2000: 489). Weiterhin sei angemerkt, dass in Europa „die Hälfte des Mineralwassers von Menschen im Alter von 50plus konsumiert [wird]“ (Gerling/Naegele/Scharfenorth 2004: 296).

Dies greift die Mineralwasserindustrie auf und erschließt weitere Absatzmärkte, indem sie das Angebotspalette mit „Wellnessgetränken" anreichert. Bei diesen handelt es sich um Getränke auf Mineralwasserbasis mit leichten Geschmackszusätzen. Dieser Markt zielt unter anderem auf diejenigen Senioren ab, denen Wasser zu geschmacksneutral und Säfte zu süß sind. Dass die Kreativität kaum Grenzen kennt, belegen neue funktionelle Molkereiprodukte der Firma „Salzburger Land". Sie hat Buttermilch mit schwarzer Johannesbeere oder Ginsengextrakt auf den Markt gebracht hat, die neben einem „unvergesslichen Geschmackserlebnis" auch „Vorbeugung von Osteoporose und Steigerung der Gedächtnis- und Konzentrationsleistungen" (Leeb 2005: 10ff.) bieten sollen.

5.1.4 Sport als Gesundheitsbeitrag im Alter

Sportliche Betätigung im Alter wird als eine dermaßen wichtige Maßnahme zur Gesundheitsförderung betrachtet, dass man auch von Sport und Gesundheit als einem „kongenialen Paar" spricht (Gerling/Naegele/Scharfenorth 20042005: 24). Dabei sind die Zahlenabgaben zur sportlichen Betätigung Älterer recht unterschiedlich: So sind „empirischen Auswertungen „ nur etwa 16% der 50 – 50-jährigen [!] und nur 3,3% der über 80-jährigen wenigstens einmal pro Woche sportlich aktiv" (Lehr 2003:5), während die Angaben der Zeitbudgeterhebung des Statistischen Bundesamtes zufolge die Aktivitätsraten der 55 –64-jährigen je nach Erwerbsstatus und Geschlecht zwischen 23,3% und 39,0% liegen (Statistisches Bundesamt 2004).

Ein Grund liegt in der uneinheitlichen Definition von Sport. So subsumierte die letztgenannte Zeitbudgeterhebung auch „andere Aktivitäten in der Natur" – zu denen auch die bei Senioren sehr beliebt und intensiv praktizierte Gartenarbeit zählt – als sportliche Aktivität. Dabei bietet gerade die neue Sportlichkeit unserer Zeit, „die eher privat, hedonistisch, ästhetisch, spaß- und erlebnisorientiert ausgerichtet ist" (Grupe 2003: 9), den älteren Generationen vielfältige Möglichkeiten, mittels Sport die eigene Lebensqualität und Lebensdauer zu verbessern.

Marktuntersuchungen ergaben, dass vor allen Dingen die Fitnessketten von diesem „Gesundheitstrend" profitieren (Siegesmund 2006), da das Angebot von Gesundheits-Studios, Fitness- Clubs, Wellnesszentren, Körper-, Bewegungs- und Tanztherapie-Einrichtungen ebenso steigt wie das Selbstbewusstsein und die Motivation älterer Menschen zur sportlichen Betätigung (vgl. Gruppe 2003: 9).

Aber auch für die Sportbekleidungsindustrie bietet diese Entwicklung Chancen, wie funktionale und bequeme Oberbekleidung oder die seit Herbst 2003 auf dem Markt befindlichen gelenkschonenden „Laufschuhe gegen Osteoporose“ von Adidas aufzeigen. Schließlich ergab eine amerikanische Studie, dass optimistisch denkende Menschen länger körperlich fit bleiben, weil „positive Gefühle über chemische und neuronale Reaktionen direkt den Gesundheitszustand eines Menschen beeinflussen können“ (Siegesmund 2005 b).

5.1.5 *Exkurs:* Gesundheitsmarkt als „Co-Markt“

Da Senioren sich verstärkt für die Erhaltung und Förderung ihrer Gesundheit einsetzen und gleichzeitig vielfältigen Interessen und Aktivitäten nachgehen, wird die Bedeutung des Gesundheitsmarktes auch für viele andere Branchen noch weiter zunehmen. So können Gesundheitsdienstleistungen in sämtlichen anderen Branchen als Zusatzangebote gekoppelt werden. Denkbar sind zunehmende Kooperationen mit der Tourismusbranche (z.B. Wellnessreisen), dem Wohnungsmarkt (barrierefreie Gegenstände des Alltags) oder dem Internet, das bereits heute viele Gesundheitsdienstleistungen „online“ anbietet. So sind seit Aufhebung des Versandhandelsverbotes für apothekenpflichtige Medikamente im Zuge der Gesundheitsreform von 2003/2004 (Gersch: 2004: 60) Versandapotheken im Internet zugelassen, wobei sich diese Form des Arzneimittelversandhandels vor allem für chronisch Kranke und schwerkranke Patienten mit planbarem Arzneimittelbedarf bewährt und eine komfortable und preiswerte Alternative zur stationären Apotheke darstellt.

Weiterhin etabliert sich das Internet zunehmend als Plattform für Dienstleistungen wie z.B. virtuelle Sprechstunden für Senioren, die inzwischen von den meisten Krankenkassen im Internet angeboten werden (vgl. BKK24-online 2005), wobei der Seitenaufbau teilweise recht unübersichtlich ist und diese Serviceleistung nur registrierten Kassenzugehörigen zugänglich ist. Schließlich ist zu beachten, dass solche Angebote nicht die persönlichen Kontaktierungsmöglichkeiten mit Ärzten oder Apothekern ersetzen, sondern als Zusatzangebot gedacht sein sollten.

5.2 Kosmetik - „Weil ich es mir wert bin."

Angelehnt an die Gesundheitsbranche ist der Körperpflege- und Kosmetikmarkt, dem der Zeitgeist der Anti-Aging-Gesellschaft weitere Wachstumspotenziale beschert. So betrugen nach Angaben der Geschäftsstelle „Seniorenwirtschaft" die Haushaltsausgaben für Pflege und Kosmetik im Jahre 2001 monatlich 62,50 Euro, wobei nach Friseurbesuchen (32,80 Euro) und Artikeln der Körperpflege (29,70 Euro) unterschieden wurde (Gerling/Naegele/Scharfenorth 2004: 296). Dies entspricht 4,4 % des zur Verfügung stehenden Einkommens der Zielgruppe 50plus. Die Einkaufsstättentreue ist mit rund 64 Prozent Stammkäufern sehr hoch, wobei Drogeriemärkte zu den beliebtesten Einkaufsorten zählen. Ferner bezeichnen sich insgesamt 45,9 Prozent als markentreu, wenn es um den Kauf von Körperpflegeprodukten geht (vgl. BBDO-online 2005). Zu der Zielgruppe gehört inzwischen jede dritte Frau in Deutschland, wobei 48% der Kosmetikverwenderinnen über 50 Jahre alt sind und nahezu 80% der über 60-jährigen großen Wert auf eine gepflegte Erscheinung legen (Gaube 1995: 104).

Ferner belegen Ergebnisse zur Zeitverwendung der 55-64-jährigen, dass mit mehr als 1,5 Stunden täglich besonders nicht (mehr) erwerbstätige Frauen wesentlich mehr Zeit der Körperpflege widmen als der gesamtdeutsche Durchschnitt (Engstler/Menning/ Hoffmann/Tesch-Römer 2004: 221).

5.2.1 Zunehmendes Selbstwertgefühl

Neben dem wirtschaftlichen, quantitativen und zeitlichen Potenzial, das die Zielgruppe 50plus in Deutschland darstellt, spielt die wachsende „Weil ich es mir wert bin"-Haltung (zeitgleich der Werbeslogan des führenden Kosmetikherstellers L'Oreal) eine Rolle.

Nach aktuellsten Marketing-Typologien zeigen besonders die kulturell Aktiven, zu denen 33% der Zielgruppe 50plus zählen, eine „überdurchschnittliche Affinität zu den Produkt- [...] bereichen wie Mode [oder] dekorative Kosmetik" (TSN Infratest 2005: 33). Gleichzeitig wird jedoch betont, dass sich gerade diese überdurchschnittlich aktive Zielgruppe mit „typisch kulturellem Hintergrund [...] gegenüber individualistischen Werten" abgrenzt (ebenda).

Auf der anderen Seite sollen trotz der größer werdenden Orientierung diejenigen Senioren nicht ausgeblendet werden, die ihr körperliches Altern als Möglichkeit betrachten, sich endgültig von jugendlichen Schönheitsnormen zu befreien.

5.2.2 Jugendkult im Kosmetikmarketing

Da Kosmetik mit Schönheit und Schönheit mit Jugend assoziiert wird, ist im „Beauty business“ der Einfluss der Jugendkultur am stärksten zu spüren. Dieser wird dadurch begünstigt, dass eine Großzahl der Verantwortlichen in der Kosmetik- oder Werbebranche selbst jung ist und ihre Lebenswirklichkeit in die Arbeit einfließen lässt, wohingegen die Züge des Alterns in der Kosmetikwerbung wenig Anklang finden. Schließlich wird die Verjüngung innerhalb der Kosmetikwerbung mit der empirischen Erkenntnis begründet, der nach das reale und subjektiv empfundene Alter mit zunehmendem Lebensjahren auseinanderdriften und sich eine 50-jährige Frau im Durchschnitt 10- 15 Jahre jünger fühlt, als sie tatsächlich ist (Härtl-Kasulke 1998: 83). Die Anwendung dieser „Daumenregel“ kann jedoch zum gegenteiligen Effekt führen, so dass Senioren sich nicht adäquat repräsentiert fühlen (Meyer-Henschel 2004: 31). Dass es auch gelungene Werbekampagnen im Kosmetikmarkt für Ältere gibt, soll am folgenden Beispiel dargelegt werden.

5.2.3 Eine nahezu mustergültige Kampagne im Seniorenmarketing – die Kosmetikmarke „Nivea Vital“

Als besonders gelungen wird in Seniorenmarketing-Kreisen die Werbekampagne der Beiersdorf AG hervorgehoben, die sich 1995 mit der Markeneinführung „Nivea Vital“ erstmals explizit an die Kundinnen im Alter ab 50 Jahren wandte. Diese Kampagne nutzte den Vorteil, dass die Marke Nivea bereits seit dem Jahre 1911 existiert und einen hohen Wiedererkennungswert hat (vgl. Nivea-online 2005). Während eine erfolgreiche Neupositionierung von Marken im Seniorensegment aufgrund von „höherer Markenbindung“ schwierig ist (Köhler/Majer/Wiezorek 2001: 5), „eignen sich klassische etablierte Marken wie Nivea „im Seniorensegment besonders gut als Ausgangspunkt einer offensiv ausgerichteten Wettbewerbsstrategie [...]“ (ebenda).

Der eigentlichen Produkteinführung ging eine Phase der empirischen Forschung voraus, in der Zielgruppeninterviews Aufschlüsse über Wertewandel und Konsumverhalten der 45–70-jährigen Frauen geben sollten. Die sich herauskristallisierenden Einstellungen „Lebensqualität, Aktivität und Aufgeschlossenheit“ sowie die Charakteristika der Konsumentinnen als „vermögensstark, konsumfreudig und konsumerfahren“ (Härtl-Kasulke 1998: 67) haben jedoch keinen Allgemeingültigkeitsanspruch, da die Konsumentenforschung im eigenen Hause stattfand und somit eine gewisse Affinität zur

Marke Nivea voraussetzte. Vielmehr dienten die Ergebnisse der Optimierung des Produktsegmentes. Beispielsweise wurde das erworbene Wissen um die hohe Bedeutung von Seife für die Älteren in die Produktzusammensetzung eingearbeitet (Härtl-Kasulke 1998: 71).

Die Beschränkung der Nivea-Vital-Serie auf fünf Gesichtspflegeprodukte wird von der Beiersdorf AG mit gewollter Übersichtlichkeit zu Gunsten einer besseren Orientierung des älteren Verbrauchers begründet. Ein Blick auf die inzwischen auf 14 Produkte erweiterte Palette (Nivea-online 2005) lässt jedoch vermuten, dass anfängliche Risikoplanung und ausbaufähiger Erfolg die Segmentgröße bestimmen. Zudem zeigt der internationale Vergleich, dass die sich noch im Aufbau befindenden Ostmärkte mit deutlich weniger Produkten der Vital-Serie vertreten sind und diese in den südamerikanischen Ländern aufgrund einer jüngeren Bevölkerungsstruktur gar nicht vertrieben werden.

Auch die mediale Präsentation wurde an sozialwissenschaftliche Erkenntnisse über das Alter angelehnt. Advertorials, also wie Artikel aufgebaute gewerbliche Anzeigen, wurden beispielsweise in den Printmedien geschaltet, da sie sich besonders eignen, die gesteigerte Leselust und „hohen Informationsbedarf von Älteren“ (Lewis 1996: 179) zu stillen. Auch die Ansprache der Zielgruppe greift eine sozialpsychologische Erkenntnis auf: Da „die meisten Personen eine mangelnde Identifikation mit ihren eigenen Alter [aufweisen]“ (Brünner 1997: 123), entschied sich Nivea-Vital zu einer produktbezogenen Ansprache. Der Begriff „reife Haut“ ist insofern vorteilhaft, als dass die Assoziation mit ‚Reife' positiv ist, die Konsumentin selbst entscheidet, ob und ab wann sie dieses Merkmal aufweist und trotzdem „keine potentielle Kundin ausgegrenzt [wird]“ (Härtl-Kasulke 1998: 84).

Schließlich sind gestalterische Mittel wie Farben, Schriftart oder Symbole auf die Präferenzen der älteren Kundin ausgelegt. So ziert eine schmale Goldleiste sämtliche Nivea-Vital- Produktverpackungen, da diese Farbe von der Zielgruppe als edel empfunden wird (Härtl-Kasulke 1998: 88) und eine Abgrenzung zu übrigen Nivea-Produkten darstellt. Es dominiert jedoch die Nivea-Farbe blau, die seit 1911 zum Corporate Design der Marke gehört. Die durchgehend verwendete Negativ-Schrift – also helle Aufschrift auf dunklem Hintergrund – kann zwar im Nachhinein mit der besseren Lesbarkeit für die älteren Konsumenten begründet werden (Gaube 1997: 63), doch sollte angemerkt werden, dass Nivea dieses Stilmittel bereits auf der klassischen Nivea-Dose aus dem

Jahre 1911 angewendet hat, als es noch keinerlei Überlegungen zum Seniorenmarketing gab.

Abschließend sei eine Bemerkung zur verwendeten Symbolik am Beispiel der Tages- und Nachtcreme-Dosen aufgeführt: Von Seiten der Marketingverantwortlichen von Beiersdorf wird argumentiert, dass Sonne- und Mond-Symbole auf dem Deckel der Tages- bzw. Nachtcreme Verwechslungen im Badezimmer vorbeugen sollen. Interessanterweise unterscheiden sich die Papierkartons, in denen die Kaufinteressentin die Cremetöpfe im Drogerieregal vorfindet, nur durch einen sehr kleinen Schriftzug („Aktivierende Tagescreme“ bzw. „Regenerierende Nachtcreme“) und vergrößern somit eher die Verwechslungsgefahr.

Zusammenfassend kann man sagen, dass diese Werbekampagne an viele Forschungsergebnisse der Alterssoziologie anknüpft, diese aber stellenweise für ihre ausschließlich ökonomischen Interessen instrumentalisiert und die Wünsche der Konsumentin somit an zweite Stelle stellt.

5.2.4 *Exkurs:* Verflechtung von Wirtschaftsinteressen und sozialer Verantwortung

Beispielhafter hingegen ist der Marketingansatz des japanischen Kosmetikherstellers Shiseido, der „neben dem legitimen ökonomischen Interesse auch durch soziales Engagement geprägt [ist]“ (Gerling/Naegele/Scharfenort 2004: 298). Vorbildlich sind z.B. die von Shiseido organisierten „kostenlosen ‚Beauty Classes‘ für Altenheimbewohner/innen“ (ebenda), wobei anzumerken ist, die sich im Gegensatz zu Deutschland an beide Geschlechter gleichermaßen richten.

Dies ist angesichts des langsamen Einstellungswandels älterer Männer (vornehmlich aus der Gruppierung der kulturell Aktiven) bezüglich der Anwendung von Kosmetik- und Pflegeprodukten äußerst weitsichtig.

Schließlich kann dem japanischen Konzern eine Übernahme von sozialer Verantwortung bescheinigt werden, da „der positive psychologische Effekt, den die Kurse auf die Teilnehmer/innen ausüben, [...] seitens des Unternehmens auch wissenschaftlich untersucht [wird]“ (ebenda). Unter diesen Gesichtspunkten ist der Aufbau des Seniorenmarketings bei Shiseido ein zur Nachahmung anregendes Beispiel für gelungene Symbiose zwischen ökonomischen Interessen und sozialer Verantwortung.

5.3 Wohnen - „Wohnst Du noch oder lebst Du schon?“

Die Wohnungsbranche zählt zu den wichtigsten und größten Märkten, da die Wohnung sowohl als „Grundlage und Teil der Regenerationsfunktion“ (Küster 1998: 51) als auch als „Basis [zur] Gestaltung der Daseinsvorsorge, Persönlichkeitsentfaltung und der Kultur des Zusammenlebens“ (ebenda) dient.

Mit steigendem Alter gewinnen die Wohnung und die Wohnumgebung auch deshalb an Bedeutung, da sie zum zentralen Austragungsort des Alltagsgeschehens werden. So verbringen Menschen ab 60 Jahren durchschnittlich 18:51 Stunden von 24 Stunden in den eigenen vier Wänden (Engstler/Menning/Hoffmann/Tesch-Römer 2004: 236).

Rechnet man die steigende Lebenserwartung mit ein, ergibt sich daraus eine so lange Lebenszeit in der Wohnung wie nie zuvor. Auch für diesen Markt gilt, dass die heterogenen Einkommenslagen und individuell unterschiedliche Gesundheitszustände zu spezifischen Wohnpräferenzen führen.

Obwohl es also *die* altersgerechte Wohnform nicht gibt (vgl. von Schweitzer 1996: 15), bestehen zentrale Aufgaben des sozialen Wohnungsbaus in Zusammenarbeit mit Politik und Wirtschaft darin, die öffentliche Struktur an die wandelnde Demographie anzupassen und die Wohnzufriedenheit Älterer nachhaltig zu sichern bzw. zu verbessern. Dabei lässt sich für die aktuelle Situation feststellen, „dass Modellprojekte zum selbstbestimmten Wohnen und aktiven Wohnen im Alter zwar vorhanden sind, in ihrer Zahl und Intensität aber noch weit hinter dem gesellschaftlich Wünschenswerten zurückbleiben“ (Heinze/Helmer-Denzel/Wilde 2005: 34).

5.3.1 Wohnen als Ausdruck von Persönlichkeit

Wie der einleitend angeführte aktuelle Werbespruch des Inneneinrichtungs-Unternehmens IKEA („Wohnst Du noch oder lebst Du schon?“) aufzeigt, erfüllt Wohnen mehr als nur zweckorientierte Funktionen. So gilt individuelles Wohnen zusehends auch als Ausdruck von Lebensqualität und Persönlichkeit. Dabei beeinflussen sich Persönlichkeit und Wohnform im Laufe der Jahre immer mehr, weil „sich im höheren Lebensalter oft eine enge Verbundenheit [...] zwischen persönlichen Bedürfnissen und der Wohngestaltung“ einstellt (Höpflinger 1999: 9). Besonders groß ist das Interesse an einer persönlichkeitszentrierten Lebensweise bei den erlebnisorientierten Älteren.

Diese Personen pflegen einen vergleichsweise extrovertierten Lebensstil außerhalb des Eigenheims, und legen dabei auch besonderen Wert auf eine ansprechende Wohnsituation. Dabei betonen 73% der über 60-jährigen, dass die Wohnung in erster Stelle „gemütlich" sein muss, wohingegen „nur" 53% der Befragten eine „kostengünstige" Wohnung für subjektiv bedeutsam halten (ebenda). Andere Untersuchungen wiederum betonen das Sicherheitsbedürfnis Älterer, dem Maßnahmen wie Alarmanlagen, Gehwegbeleuchtungen, oder Fußgängerwege entgegenkommen. Darüber hinaus sollen Einkaufsmöglichkeiten in der Nähe vorhanden liegen, muss die Wohnung ruhig und geräumig sein sowie Haustierhaltung zulassen (ebenda). Neben den Anforderungen an das Wohngebäude selbst erwarten die Bewohner einen vielschichtigen Angebot-Mix im näheren Wohnfeld, der Möglichkeiten zum „Entspannen und Erleben, Kontakt und Konsum" (Opaschowski 2005: 234) bietet.

5.3.2 Einzelhaushalte statt Mehr-Generationen-Familie

Neben der Heterogenisierung und Feminisierung spricht man auch von der Singularisierung des Alters: Von den 95% der über 60-jährigen, die einen eigenständigen Haushalt führen, lebt besonders in den Großstädten ein Großteil alleine. Bereits 1991 lebten 14,5% der Männer und 47,6% der Frauen dieser Altersgruppe in einem Einpersonenhaushalt (Krieb/Reidl 2001: 27). Bedingt durch die steigenden Scheidungsraten und den stattfindenden Wertewandel wird die neue Freiheit auch räumlich an Bedeutung zunehmen.

Auch der der Anteil der Einzelhaushalte gegenüber der Mehr-Generationen-Familie wird sich weiter vergrößern (ebenda), wobei die meisten Haushaltsstatistiken jedoch die nicht gemeldeten Mitbewohner, die in den Haushalten praktisch mit leben, vernachlässigen.

Vor dem Hintergrund der wachsenden Pflegebedürftigkeit der Hochbetagten bringt die „Vereinzelung" (Opaschowski 2005: 40) auch Probleme mit sich. So leben bereits heute „70% der knapp 1,6 Millionen Pflegebedürftigen [...] zu Hause" (Brech 2004: 102), wobei die formelle Versorgung durch Angehörige oder Servicefirmen nur einen kleinen Teil der Anforderungen decken kann. Da die Gefahr zu vereinsamen in einer Single-Wohnung höher scheint als innerhalb eines intakten (Familien-)Verbandes (Opaschowski 2005: 51), soll im Folgenden die Frage nach altersgerechten Wohnmöglichkeiten erörtert werden.

5.3.3 Altersgerechte Wohnraumgestaltung

Die Vielfalt der Wohnformen reicht von seniorengerechten Einzelwohnungen über Wohngruppen und neue Wohnmodelle wie z.B. Seniorenwohngemeinschaften, Mehrgenerationen- oder Frauenwohnprojekte bis hin zum Wohnen in Seniorenresidenzen, Altenwohn- oder Pflegeheimen mit altersgerechten Betreuungsleistungen. Dabei erscheint der Ausbau von seniorengerechten Wohnkonzepten als eine wesentliche Aufgabe der Zukunft, da dadurch „eine selbstständige Lebensführung auch in Zukunft aufrechterhalten werden [kann]“ (Opaschowski 2005: 62). Die diversen, ungeordnet nebeneinanderher existierenden Gestaltungsmöglichkeiten kann man in folgende Wohnformen kategorisieren:

- „individuelle(n) Anpassung von Bestandswohnungen“,
- „strukturelle(n) Anpassung von Wohnbeständen“ und
- „Neubau von altersgerechten Wohnungen mit Dienstleistungspaketen“

(vgl. Heinze/Helmer-Denzel/Wilde 2005: 32)

Hierbei hat jede Wohnform ihre eigenen Vor- und Nachteile. So birgt der Umbau der bestehenden Immobilien den Vorteil, dass die Senioren zum einen in ihrer gewohnten Umgebung bleiben können (siehe Kontinuitätsthese) und der Staat langfristig an teuren Pflegeplätzen spart.

Da durch die starke Eigentumsbildung der sechziger und siebziger Jahre 63% der heute 50–60-jährigen in den alten Bundesländern eine eigene Immobilie besitzen (Krieb/Reidl 2001: 197) und 51% der Befragten ihre Wohnung als nicht geeignet bezeichneten, um damit z.B. in einem Rollstuhl leben zu können (Höpflinger 1999: 82), ist es naheliegend, dass die seniorengerechte Ausstattung dieser älteren Häuser mit dem „In-die-Jahre-Kommen“ der Eigentümer ein immer größerer Handlungsbereich für die Wohnungsbranche werden wird. Auf der anderen Seite birgt der Neubau von Seniorenwohnungen den Vorteil, dass neuste technische Entwicklungen ins Bauvorhaben einfließen können und eine Großzahl von Senioren gleichzeitig versorgt werden kann.

5.3.4 Betreutes Wohnen

Als besonders zukunftsträchtig gelten weiterhin bestimmte Varianten des „betreuten Wohnens", da sie eine Alternative zur Normal-Wohnung für diejenigen darstellen, die alleine nicht mehr leben können und in einer stationären Einrichtung (noch) nicht leben wollen (Weeber/Hörmle 1998: 70). Obwohl sich diese Wohnform noch nicht flächendeckend durchgesetzt hat, ist die theoretische Akzeptanz – bei Frauen stärker als bei Männern, bei Stadt- stärker als bei Landbewohnern (Weeber/Hörmle 1998: 69) – vorhanden.

Darüber hinaus steckt „die empirische Forschung zu betreuten Wohnformen im Alter [...] in den Kinderschuhen" (Höpflinger 1999: 107).

Weitreichend bekannt ist jedoch, dass sich hinter dem Begriff „betreutes Wohnen" eine vielfältige Angebotspalette von Betreuungs- und Servicekonzepten verbirgt. So kann eine Krankenschwester im Nachbarhaus wohnen, Fachpersonal 24 Stunden am Tag abrufbereit sein oder ein Rundum-Konzept angeboten werden, das vom Kochen über Gärtnern und Wäscheservice alle Bereiche des täglichen Lebens umfasst. Das betreute Wohnen hat jedoch zwei entscheidende Nachteile. Handelt es sich um ein selbstorganisiertes Senioren-Wohnprojekt mit geringem Institutionalisierungsgrad, kann eine „Senioren-WG" schnell – z.B. im Falle eines unerwarteten Pflegefalls nach einem Schlaganfall – überfordert werden (Haffner 1999: 49). Ist der Professionalisierungsgrad jedoch sehr hoch, eignet sich dieses Konzept nur für entsprechend finanziell ausgestattete Senioren, da in den meisten Fällen „jeder helfende Handgriff, jedes freundliche Wort per Chipkarte erfasst und abgerechnet" wird (ebenda).

Das Institut für Wohnungswesen, Immobilienwirtschaft, Stadt- und Regionalentwicklung sieht daher einen „Trend zu Verbundkonzepten, wo ein Bauträger mit einer Pflegeeinrichtung kooperiert" (Reife Märkte-online 2005). Diese Mischung aus selbstständigem Wohnen mit entsprechenden Zugriffsmöglichkeiten auf medizinische Versorgung und soziale Einrichtungen in unmittelbarer Nähe wird von der Alterssoziologie auch als „Nähe auf Distanz"-Modell bezeichnet.

5.3.5 DIN 18025 – Norm für barrierefreies Wohnen

Allen Varianten auf dem Seniorenwohnsektor ist die Orientierung an der DIN 18025 für barrierefreies Wohnen gemeinsam, nach der sämtliche geförderten Neubauwohnungen seit 1998 gebaut werden müssen (Bundesministerium für Raumordnung, Bauwesen und Städtebau 2004: 256). Diese Norm besteht aus zwei Teilen, wobei sich die DIN 18025 Teil 1 speziell auf die Bedürfnisse von Rollstuhlbenutzern konzentriert und Teil 2 sich mit den allgemeinen Bestimmungen für barrierefreie Wohnungen befasst (Weeber/Hörmle 1998: 72f). Dabei muss angemerkt werden, dass „barrierefrei" einen Idealtypus darstellt und die Bezeichnung „barrierearm" realistischer erscheint.

Die zentralen Anforderungen umfassen Vorschriften und Empfehlungen zur Größe, Anordnung und Beschaffenheit von Räumen, Türen, Treppen, Aufzügen und technischen Ausführungen. Zum Beispiel muss in jedem Zimmer eine Wendemöglichkeit für Rollstühle bestehen, soll die stufenlose Erreichbarkeit zu allen Wohn- und Nutzräumen über Rampe oder Aufzug garantiert werden oder die Arbeitshöhen in den Nutzräumen individuell anpassbar sein. Weiterhin enthält die DIN 18025 Bestimmungen und Empfehlungen über die Beschaffenheit von innenarchitektonischen Details wie rutschhemmenden Bodenbelägen oder der Raumausleuchtung, die den Bedürfnissen von Sehbehinderten angepasst sein sollte. Weiterhin sollten zum Beispiel „die Leuchtstrahler [...] in so kurzem Abstand hintereinander montiert [werden], dass sie keine Lichtkegel werfen, [da] Demenzkranke versuchen, über Schatten zu steigen" (FAZ vom 3.11.2005).

Problematisch an dieser Planungskonzeption ist zum einen die Mischung von verbindlichen Bestimmungen und umgehbaren Empfehlungen und teilweise sehr weitgefasste bzw. unpräzise Angaben. So können Bodenbeläge mit Schuhwerk rutschhemmend wirken, den Bewohnern nachts ohne Schuhwerk jedoch zur großen Gefahrenquelle werden.

Des Weiteren sind die Bestimmungen zur Finanzierung recht komplex und unüberschaubar, so dass gerade Ältere auf Hilfestellung von außen angewiesen sind. Auf der anderen Seite schafft gerade diese Tatsache neue Wirkungsfelder wie z.B. die Beratungsstelle „Gut bedacht ins Alter", zu deren Leistung die „individuelle Beratung zu Finanzierungs- und Fördermöglichkeiten, zur Planung und Umsetzung der Umbaumaßnahmen und Sanierung oder auch die Vorbereitung vertraglicher Regelungen" zählen (Kahlfuhs 2005).

5.3.6 ...und weitere Ansätze im Wohnmarkt

Auch für diverse Branchen der Innenarchitektur und Einrichtung ergeben sich weitere Win-win-Situationen, die die Wohnqualität der Verbraucher und die finanzielle Situation der Unternehmen gleichzeitig verbessern. So schafft der Auszug der Kinder aus dem gemeinsamen Haushalt erstmals Platz für neue Wohnideen, die von einer veränderten Zimmernutzung über Erneuerung der Inneneinrichtung, bis hin zu später altersbedingt notwendigen Vorrichtungen wie Treppenliften oder Badewanneneinsätzen reichen.

Im TÜV- Sprachgebrauch spricht man auch von „barrierefreien Produkten", deren Beschaffung durch die Norm E DIN 33455 genau definiert wird. So umfassen diese „barrierefreie[n] Produkte [...] eine ergonomische, eine psychologische, eine soziale und eine wirtschaftliche Dimension" (Meyer-Henschel 2005: 40).

So entwickelte der Küchenhersteller „Alno" beispielsweise eine unterfahrbare Küche für Ältere und Behinderte, die Schwellen und Stoßkanten vermeidet, sowohl Steh- als auch Sitzarbeitsplätze bietet und sämtliche Einbaugeräte in Sicht- und Greifnähe positioniert (Alno-online 2005).

Sitzmöbel hingegen gelten als seniorenfreundlich, wenn sie u.a. folgende Eigenschaften aufweisen:

- Sitztiefe ermöglicht Kontakt von Rücken und Rückenlehne,
- Polsterung dient Vorbeugung von Druckstellen,
- Armlehnen unterstützen sicheres Hinsetzten und Aufstehen,
- Sitzwinkel bei aufrechter Sitzposition beträgt 100 bis 110 Grad.

(vgl. Pellny 2005: 546f.).

Weitere benutzerfreundliche Haushaltsgegenstände sind „Leicht-bedien-Mikrowellen", die mit großen Bedienelementen, Displays und unverwechselbaren Funktionen die Benutzung erleichtern. Auch einhändig benutzbare Küchenmaschinen (Lohrum 2000: 408) berücksichtigen eventuelle körperliche Einschränkungen im Alter und schafften gleichzeitig für Hausfrauen, die gleichzeitig ein Kind auf dem Arm tragen, eine Erleichterung bei der Bewältigung der Haushaltsarbeit. Schließlich bieten auch Badezimmerarmaturen mit ergonomisch geformtem Griff, Heißwassersperren, ausziehbaren Schlauchbrausen oder strapazierbaren Oberflächen Benutzervorteile für Jung und Alt (GGT Deutsche Gesellschaft für Gerontotechnik 2005), wobei Komfort und Sicherheit die zentralen Aspekte sind. Im Weiteren überwiegen auch in der Einrichtungsbranche diejenigen Produkte, die nicht als typische Seniorenprodukte deklariert sind, sondern benutzerfreundliche Elemente geschickt und mit ästhetischem Anspruch mit traditionellen Gestaltungselementen verbinden. Andererseits sollte man die steigenden Möglichkeiten zur Technisierung des Haushaltes maßvoll einsetzen, da die gewünschte Hilfestellung in Überforderung des älteren Bewohners umschlagen kann.

5.3.7 *Exkurs:* Der „Aktivitätsradius" Älterer

Die Wohnqualität beschränkt sich nicht auf die eigenen vier Wände, sondern sollte auch den im Alter geringer und daher wichtiger werdenden „Aktivitätsradius" mit einbeziehen. Dieser ist durch Altersbeeinträchtigungen begrenzt, die Menschen ab 60 Jahren in ihrer unmittelbaren Wohnumgebung erfahren. Dazu gehören beispielsweise „Lärm [und Verkehrsabgase – d. Verf.], Unsicherheit im Dunkeln, Vereinsamung oder ungünstige Infrastruktur" (Höpflinger 2004: 63). An dieser Stelle ist zu betonen, dass von Strategien zur Behebung dieser Unzulänglichkeiten *alle* Bewohner – also auch junge Familien, Kinder und Behinderte – profitieren.

Darüber hinaus haben Parkhäuser ohne Aufzug, Arztpraxen in der Fußgängerzone, zu wenige öffentliche Toiletten und Sitzbänke sowie Straßenschilder mit zu kleiner Beschriftung weiteres Verbesserungspotenzial, das weitere Betätigungsfelder für Architekten, Bauherren, Handel, Handwerker und natürlich die Industrie darstellt. So gibt es in Deutschland bereits Ansätze für ganze *barrierefreie* Städte. Wiesbaden hat als eine der ersten Städte einen barrierefreien Stadtführer auf den Markt gebracht, der Informationen über besonders besucherfreundliche Gegenden und Gebäude, Verkehrsmittel und Flaniermeilen erteilt (Krieb/Reidl 2001: 201).

5.4 Automobil- „Aus Freude am Fahren"

Der Führerscheinbesitz im Alter nimmt kontinuierlich zu. Während er bei den Männern von 60 – 64 Jahren in den letzten 30 Jahren von 67% auf 93% angestiegen ist, besaßen bereits 1999 mehr als sieben Mal so viele Frauen die Fahrerlaubnis wie noch 1969 (Limbourg 1999: 1). Neben den Seniorinnen verdienen im Hinblick auf die Fahrerlaubnis die älteren Senioren besondere Beachtung, da „aktuell [...] 22% der mindestens 80-jährigen ein Auto [fahren]" (Meyer-Henschel 2004: 17). Ein freiwilliges Aufgeben dieses Elements der Selbstständigkeit im hohen Alter ist dabei nicht abzusehen. Vielmehr entsteht erstmals eine aktive „Autofahrer-Altengeneration", die durch die gesammelten Erfahrungen als Autofahrer, Fußgänger und Benutzer der öffentlichen Verkehrsmittel „den Anforderungen des modernen Verkehrs besser gewachsen [ist] als die früheren" (Limbourg 1999:8). Trotz dieser Verkehrserfahrung stellt die weiter zu erwartende Zunahme älterer aktiver Verkehrsteilnehmer neue Anforderungen an die Stadt- und Verkehrspolitik, an die Verkehrsplanung, Verkehrssicherheit – und natürlich an die Anbieter von Fahrzeugen oder Verkehrsleistungen selbst.

5.4.1 Mobilität und Mobilitätsbehinderungen im Alter

Schenkt man dem eingangs aufgeführten Werbelogo des Automobilherstellers BMW Glauben, so ist persönliches Fahrvergnügen *der* Grund für das Interesse der Menschen am Automobil. Und tatsächlich gaben in einer Umfrage der Bundesanstalt 60% der befragten Autofahrer ab 60 Jahren an, sie hätten „Spaß" am Autofahren (Krieb/Reidl 2001: 165). Andere Studien kommen jedoch zu dem Ergebnis, dass „der Fahrspaß (...) nur eine Illusion ist, die sich ältere Menschen aufrechterhalten wollen" (Siegesmund 2005 a). So diene diese Strategie dazu, um von körperlichen Defiziten im Alter und dem damit einhergehenden Mobilitätsverlust abzulenken. (Weiterhin ist vorstellbar, dass ältere Autofahrerinnen nach Krankheit oder Tod des Partners zur Wiederaufnahme des Autofahrens schlichtweg „gezwungen" sind.) Im Folgenden werden daher diejenigen psychophysischen Entwicklungen vorgestellt, die den älteren Menschen als Autofahrer einschränken können.

Zudem ist diese detaillierte Auflistung der altersbedingten Einschränkungen neben der Verkehrsteilnahme auch auf viele andere Bereiche übertragbar, die den Alltag im Alter erschweren.

a) Sehen

Ein umfangreiches Repertoire altersbedingter Veränderungen bilden die Einschränkungen des Sehvermögens. Dieses nimmt ab dem 50. Lebensjahr ab und kann sich im Laufe des Lebens um bis zu 80% verringern (Meyer- Henschel 2004: 25). Die reduzierten Sehleistungen umfassen

- die nachlassende Sehschärfe,
- die reduzierte Adaptionsfähigkeit bei Nacht ,
- die Verengung des Blickfeldes,

- abnehmende Aufwärtsbeweglichkeit,
- die langsamere Umstellung von Kurz- auf Weitsicht,
- die veränderte Farbwahrnehmung sowie
- Alterserkrankungen des Auges.

(Eigene Zusammenstellung nach Gaube 1995 und Limbourg 1999)

So hat die *nachlassende Sehschärfe* durch die „Verkleinerung des Pupillendurchmessers [...] Auswirkungen für Ältere, da sich so die Lichtmenge verringert, die die Netzhaut erreichen kann“ (Gaube 1995: 51). Die *reduzierte Adaptionsfähigkeit* meint die Fähigkeit, starke Lichtunterschiede auszugleichen (Härtl-Kasulke 1998: 151),

doch wird diese Einschränkung von älteren Autofahrern oft mit dem Verweis bagatellisiert, dass man das Auto bei Dunkelheit nicht benutze. Dabei werden Gefahrensituationen ausgeblendet, die durch unvorhersehbare Dunkelheit (z.B. Tunnel, Allee mit dichten Bäumen) entstehen (Limbourg 1999: 8).

Die ab dem 35. Lebensjahr eintretende *Verengung des Blickfeldes* wirkt sich daher besonders in Verkehrssituationen aus, in denen zeitgleiches „Im-Blick-haben“ von verschiedenen Situationen notwendig ist. Beispielsweise erfordert das Überholen auf der Autobahn eine gleichzeitige Konzentration auf die eigene Verkehrsspur, die Nebenspur und das Blickfeld beim Schulterblick.

Abnehmende Aufwärtsbeweglichkeit bedeutet, dass der Winkel, mit dem die Augen nach oben bewegt werden können, im Alter geringer wird.

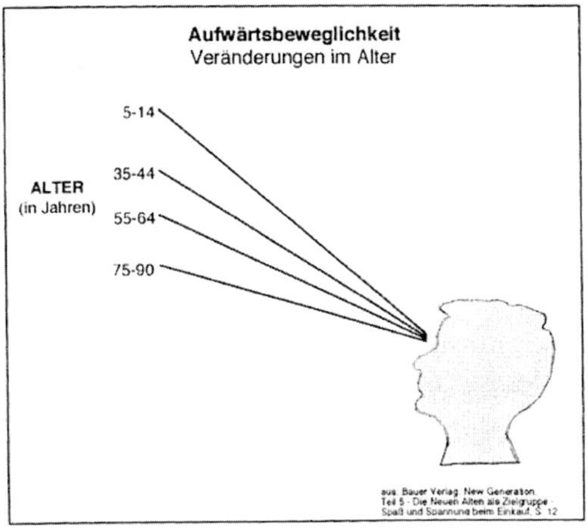

Abbildung 8: Aufwärtsbeweglichkeit im Alter, Quelle: Härtl-Kasulke S.151

Die Abbildung veranschaulicht, dass Menschen zwischen 55 und 64 Jahren ihre Augen bis zu einem Winkel von 32° nach oben bewegen können. Bei den über 75-jährigen halbiert sich dieser auf 16°. Behinderungen im Straßenverkehr entstehen besonders dann, wenn die Verkehrsteilnehmer in besonders niedrigen Autos die höhere Umgebung (z.B. einen LKW) nicht überschauen können.

Die *langsamere Umstellung von Weit- auf Kurzsicht* und umgekehrt führt dann zu Beeinträchtigungen, wenn das Auge sich schnell von nah auf fern umstellen muss, der Blick z.B. vom Tachometer auf weiter entfernte Schilder gelenkt wird.

Die *veränderte Farbwahrnehmung* im Alter bewirkt, dass ältere Personen u.a. Probleme bei der Unterscheidung von blau und grün haben. Als Gefahrenquelle durch Verwirrung sind Leuchtwerbeschilder in Ampelnähe denkbar.

Neben dem grauen und grünen Star sowie der diabetischen Retinopathie (sehr häufige Netzhauterkrankung bei Diabetikern) ist besonders die *Alterssichtigkeit* sehr weit verbreitet. Kennzeichnend für ihren Krankheitsverlauf ist, dass die Sehschärfe mit den Jahren abnimmt und „alles in der Nähe liegende [...] zunehmend verschwommener gesehen" wird (Gaube 1995: 57).

Im Gegensatz zu den anderen aufgeführten Sehbeeinträchtigungen kann hier jedoch Abhilfe geschaffen werden. Eine Brille z.B. eignet sich als Hilfsmittel im Straßenverkehr, doch kommen verschiedene Untersuchungen zu dem Ergebnis, dass auch ältere Verkehrsteilnehmer diese „[...] nicht immer griffbereit haben" (Brünner 1997: 202).

b) Hören

Während das Ohr eines jungen und gesunden Menschen Töne und Frequenzen von 16 Hertz (tief) bis 20.000 Hertz (hoch) hören kann, haben Personen ab 60 Jahren vermehrt Probleme, Töne unter 125 sowie über 10.000 Hertz zu vernehmen (Gaube 1995: 59). Diese Beeinträchtigung kann im Straßenverkehr schwerwiegende Folgen haben.

Das Nichtwahrnehmen von Warnsignalen, von spielenden Kindern oder eines sich nähernden Motorradfahrers ist mit Sicherheit die lebensgefährlichste Form. Aber auch das Nichtrealisieren von Autogeräuschen, die auf einen Defekt hinweisen können, können zu Unfällen führen. Schließlich kann sogar das Nichthören von (inzwischen fast serienmäßigen) akustischen Einparkhilfen zu vermeidbaren Unfällen führen. Dabei wird sich der „Trend zu immer früherem Hörverlust" weiter fortsetzen, da die gegenwärtige 50plus- Generation mit Unterhaltungsgeräten, Motorwerkzeug und Sportwagen den bis dahin aktivsten und lautesten Lebensstil [führt], den je eine Generation geführt hat" (Siegesmund: 2005 b). An dieser Stelle muss angemerkt werden, dass Abhilfe in Form von Hörgeräten relativ unkompliziert und kostengünstig möglich ist. Problematisch ist vielmehr, dass die Akzeptanz gegenüber Hörhilfen wesentlich geringer ist als z.B. die Akzeptanz gegenüber Sehhilfen.

c) Bewegungs- und Reaktionsfähigkeit

Die altersbedingten Verringerungen der Beweglichkeit sind u.a. auf altersabhängige Abbauerscheinungen zurückzuführen, die sowohl Knochen, Gelenke und Muskulatur betreffen (Brünner 1997: 62). Darüber hinaus spielt Kraftverlust als Folge von Muskelmasseabbau eine Rolle. Daraus resultierende Mobilitätsverluste können die Selbstständigkeit und Unabhängigkeit des älteren Autofahrers beschneiden.

Weiterhin gilt die altersbedingte Verlangsamung der Reaktionsgeschwindigkeit als ein unumstrittenes Ergebnis der psychologischen Altersforschung. Die Verlangsamung des Verhaltens ist vom Komplexitätsgrad der Situation abhängig (Brünner 1997: 74).

Soll der Autofahrer gleichzeitig das aktuelle Verkehrsgeschehen auf der Straße aufnehmen, im Radio den Verkehrsfunk verfolgen, die leuchtenden Instrumente auf dem Armaturenbrett überwachen und sich mit dem Beifahrer über die Änderung der Reiseroute unterhalten, kann diese Situation besonders einen älteren Fahrzeugführer überfordern.

d) Aufmerksamkeit und Konzentration

Im Alter erhöht sich ebenso die Empfindlichkeit gegenüber Störreizen (ebenda) wie leuchtenden Digitaldisplays, dem Autoradio oder blinkender Leuchtwerbung in Ampelnähe. Weitere Forschungen haben jedoch ergeben, dass „vertraute Situationen und Aufgabenstellungen [...] im Alter am wenigsten von reduzierten Aufmerksamkeitsleistungen tangiert [werden]" (Brünner 1997: 74).

Führt man diesen Gedanken weiter, sollte geschlussfolgert werden, dass der Drang zum Neuen und Unbekannten, der auch in der Automobilindustrie den Zeitgeist bestimmt, sich sogar kontraproduktiv auf die Sicherheit des älteren Autofahrers auswirken kann.

Schließlich spielen auch die schneller einsetzende Ermüdung im Alter (Limbourg 1999:4) oder Medikamenteneinnahme eine wesentliche Rolle im Hinblick auf den Konzentrationsverlust während des Fahrens. An dieser Stelle ist zu bemerken, dass selbst die Betroffenen sich nicht immer über „ihre“ Leistungseinbußen im Klaren sind. Auch den übrigen Verkehrsteilnehmern fehlt oftmals das Wissen über die altersbedingten Veränderungen.

Eine stärkere Aufklärungsarbeit wäre neben der Anpassung von Infrastruktur und Automobilen ein weiterer notwendiger Schritt. Weiterhin gibt es politische Bestrebungen in der Europäischen Union, einen „Fitness- Check für ältere Autofahrer gesetzlich vorzuschreiben“ (ADAC Pressestelle-online 2005), wohingegen in Deutschland lediglich ein freiwilliger Fahrtüchtigkeitstest für 150 € durchgeführt werden kann (ebenda).

5.4.2 Marketingansätze in der Automobilbranche

Vor dem Hintergrund der vorgestellten Alterserscheinungen gibt es bereits Ansätze in der Mobilitätsforschung, durch die Entwicklung von „humanzentrierter Technik“ Fahrzeuge so zu konstruieren, dass sie auf „hoher Sicherheitsebene“, aber mit „geringer mentaler Belastung“ bedienbar sind (Pahl 2005). Denn immerhin werden 45% aller Neuwagen und 80% der Wagen der Luxusklasse von einem Käufer der Zielgruppe 50plus gekauft (ebenda). Folglich sprechen Autoingenieure vom „Easy-to-use”-Prinzip, das durch eine Komplexitätsreduktion der langsameren Reaktionsfähigkeit entgegenzuwirken versucht.

Dazu zählt z.B., dass die Bordelektronik möglichst einfach zu bedienen ist und die Instrumente übersichtlich angeordnet sind, so dass die Ablenkungsgefahr reduziert wird. Der eingeschränkten Bewegungsfähigkeit kann man z.B. mit Einstiegshilfen entgegenkommen. Erhöhte Sitze – Hüfthöhe wäre ergonomisch perfekt –, oder weiter zu öffnende Türen sind Beispiele für seniorenfreundliche Details. Nicht zufällig zählen kompakte und hohe Autos wie die Mercedes A-Klasse oder auch der Smart zu beliebten Fahrzeugen unter älteren Autofahrern (Karmasin 1993: 547).

Auch auf die verringerte Seh- und Hörfähigkeit reagiert die Automobilbranche mit vielen kleinen Tricks. So bewirken eine Rundumverglasung, dass der Kopf weniger hin- und hergedreht werden muss, um das engere Blickfeld zu kompensieren.

Vergrößerte Rück- und Seitenspiegel sorgen für ein zumindest subjektiv empfundenes höheres Sicherheitsgefühl. Auch sollten Tiefendisplay-Anzeigen vermieden werden, um das im Alter schwerfallende Umstellen der Augen von nah auf fern zu vermeiden.

Weiterhin machen größere Griffe, Schalter und Tastaturen langes Suchen überflüssig und ermöglichen eine bessere Konzentration auf das Fahren. Sogar über die geeignetste Farbe für die Digital- Displays für ältere Autofahrer gibt es inzwischen Untersuchungen. Die serienmäßige Ausstattung der Fahrzeuge mit Park- und Unfallsensoren wäre eine weitere Maßnahme, der den schlechter werdenden Hörsinn berücksichtigt.

Zu den allerneusten Innovationen in der Automobilbranche gehören das „ACC (Adaptiv Cruise Control)" sowie ein „Night Vision System" (Matern 2005: 18f.). Beim erstgenannten handelt es sich um einen Fahrtgeschwindigkeitsregler, der sich dem Verkehrsfluss anpasst. Dies scheint für Senioren insofern interessant, als dass sie durch langsames Fahren, das durch Verunsicherung hervorgerufen wird, oftmals den Straßenverkehr gefährden. Auch der im Alter abnehmenden Adaptionsfähigkeit kann mit Hilfe des Night Vision Systems Abhilfe geschaffen werden. Durch eine eingebaute Infrarotkamera wird zum einen das Sichtfeld des Fahrers auf bis zu 500 m erweitert, zum anderen erkennt diese Technologie anhand der Körperwärme Menschen und Tiere und kann so Unfallsituationen frühzeitig reduzieren (ebenda).

Darüber hinaus gibt es viele Maßnahmen, die neben dem Sicherheitsaspekt vor allem auf das im Alter steigende Komfortbedürfnis abzielen. Orthopädische, beheizbare Autositze, Fensterscheiben- und Standheizung oder automatische Fensterheber sind solche Beispiele, die auf der anderen Seite wieder zu erhöhter Komplexität führen.

Anders als bei kurzlebigen Produkten beträgt die Entwicklungszeit für Innovationen fünf bis zehn Jahre, bis diese auf den Markt kommen (ebenda). Daher ist es in dieser Branche besonders wichtig, frühzeitig die zukünftigen Bedürfnisse der älteren Konsumenten zu studieren. Schließlich kommen die Errungenschaften, die die menschenzentrierte Technik auf dem Automobilsektor hervorbringt, auch hier nicht nur der größer werdenden Senioren- Autofahrergeneration, sondern allen übrigen Autofahrern zugute.

5.4.3 Alternativen zum „Seniorenauto"

Obwohl das Auto ökonomisch, funktional und manchmal auch mental alle anderen Verkehrsmittel aus dem Feld schlägt" (Frankfurter Rundschau vom 29.10.2005), ist es nur eine von vielen Möglichkeiten, Mobilität, Selbstständigkeit und Flexibilität im Alter zu erhalten. Schon allein für diejenigen der Zielgruppe 50plus, die sich die Anschaffung eines Auto aus finanziellen Gründen nicht leisten können, müssen Alternativen in Form von verbesserten Angeboten im öffentlichen Verkehr angeboten werden. Hierbei geht es nicht allein darum, ein Nebeneinander von verschiedenen Verkehrsangeboten weiter auszubauen, sondern um eine „tatsächliche Integration von Schiene, Auto, Fahrrad“ (Limbourg 2005:6). Auch hier ergibt sich Handlungspotenzial für das Ingenieurwesen und Industrie. Alleine das Nachrüsten der deutschen Bahnhöfe mit behindertenfreundlichen Einstiegsmöglichkeiten, Ruhebänken, angenehmen und sicheren Aufenthaltsräumen, klangverbesserten Lautsprechern und vergrößerten Fahrplänen birgt starken Nachholbedarf. Dabei sollten die Verbesserungsmaßnahmen allein aus finanzierungs- und zeittechnischen Gründen möglichst bald intensiviert werden.

5.5 Tourismus - „Sie haben es sich verdient“

Eine weitere Form von Mobilität bieten Reisen. Dabei ist diese Branche im Zeitalter von Globalisierung, Individualtourismus und 99 Cent-Flügen mindestens genauso differenziert, komplex und schnelllebig wie ihre Nachbarmärkte. So führt die höhere Bildung, (Fremdsprachenkenntnisse!) und die „Ausweitung [und Vergünstigung – d. Verf.] des Flugverkehrs“ zu einer ansteigenden Beliebtheit von Fernreisen (Schönknecht 2003: 103). Gleichzeitig zählen Deutschland und Großbritannien zu den stärksten Inlandsmärkten im Seniorenreiseaufkommen“ (Krieb/Reidl 2001: 151).

Die neuen Herausforderungen im Seniorentourismus betreffen sowohl den Kunden-, Vertriebs- und Unternehmensbereich selbst (Brunswig 2005: 12). So müssen gleichzeitige Wünsche nach „Qualität und Preis, nach Prestige oder Einfachheit sowie Standard oder Vielfalt“ (ebenda) zu einem ökonomisch ausbalancierten und an die Bedürfnisse der Älteren Kunden angepassten Reiseangebot verarbeitet werden.

5.5.1 Reisen als Belohnung im Alter

Der Werbeslogan des Tourismuskonzerns TUI („Sie haben es sich verdient“) ist ein Musterbeispiel für ein Marketingkonzept, das sich subtil an die Ältere Zielgruppe richtet, ohne die jüngeren Konsumenten zu vernachlässigen. So kann zunächst einmal jeder Leser die Werbeaussage, er hätte sich einen Urlaub verdient, für sich beanspruchen.

Gleichzeitig wendet sich der Konzern mit dieser Botschaft gezielt an ältere potenzielle Kunden, die Freizeit und Urlaub eher als Gegenpol zur Arbeitswelt ansehen (Gaube 1995: 138). Dieser Werbebotschaft zufolge können sich Senioren nach einem meist erfüllten Arbeitsleben mit Reisen quasi „belohnen." Diese Haltung wird in breiten Massen der Gesellschaft jedoch kontrovers diskutiert, da die „Erholung von der Erholung" Älterer nicht auf uneingeschränkte Akzeptanz stößt (ebenda).

Da gleichzeitig angenommen wird, dass eine Generation „im Großen und Ganzen ihr Reiseverhalten bei[behält]" (ebenda), darf die Tourismusbranche das Reiseverhalten der jungen Leute nicht außer Acht lassen, da dieses Aufschlüsse über die Bedürfnisse der künftigen Zielgruppen 50plus bieten kann.

5.5.2 Uneingeschränkte Reiselust? - Reiseverhalten Älterer

Obwohl weitere Werbeslogans wie „Nix wie weg!" (L'tur) oder „Alles, aber günstig" (Alltours) suggerieren, dass alle immer und überall reisen wollen und dies auch uneingeschränkt tun, kommen Untersuchungen über Reiseverhalten zu dem Ergebnis, dass „etwa die Hälfte aller Rentner sowohl auf Urlaubsreisen als auch auf Kurzreisen [verzichtet]" (Becker 1998: 42). Dafür werden vor allem gesundheitliche (46,8%) und finanzielle Gründe (45%) sowie Probleme mit ärztlicher Betreuung, mit Verkehrsmitteln oder der Unterkunft angegeben (Schönknecht 2003: 211).

Gleichzeitig bedeuten diese Ergebnisse, dass jeder zweite Rentner gerne verreist. Sind im Jahre 2003 insgesamt 46,1 % der Gesamtbevölkerung verreist, sank der Prozentsatz im Jahr 2004 auf 44,8% ab. Von ihnen waren 22,4% bzw. 22,1% mindestens 45 Jahre alt (Statistisches Jahrbuch 2005: 396). Dabei betrug die jährliche Reisedauer der Älteren im Jahre 1999 lediglich 22 Tage (ebenda), die auf durchschnittlich 1,4 Urlaubsreisen aufgeteilt wurden (Lohmann/Danielsson/Koch 2000: 21). Angesichts des Freizeitumfangs dieser Zielgruppe scheinen weitere Ausschöpfungspotenziale zu bestehen.

5.5.3 Für jeden Senioren die passende Reiseart?

Wenngleich der Trend immer weiter in Richtung „individueller Reise-Mix" mit flexiblen Reiseelementen geht (vgl. Brunswig 2005: 14), weisen folgende Reisebranchen einen hohen Seniorenanteil auf:

- Gesundheitstourismus (Kur, Wellness-, Fitnessreisen),
- Sporttourismus (Aktiv-, Wanderurlaub),
- Bildungstourismus (Studien-, Sprach- und Kulturreisen),
- Verwandten- und Bekanntenbesuche sowie

- Verkaufstourismus („Kaffeefahrten") und
- Kreuzfahrten

(eigene Zusammenstellung nach Schönknecht 2003 und Krieb/ Reidl 2001)

Einflussfaktoren auf die Nachfrage nach Seniorenreisen und auf das Reiseverhalten sind dabei die Lebenslage (z.B. finanzielle Situation, Bildungsniveau, Gesundheitszustand, Familienstand), die Persönlichkeit (man geht von einer Kontinuität des Reiseverhaltens im Alter aus) sowie Faktoren, die im Großen und Ganzen der Umwelt zugeordnet werden. Dazu zählen die Erreichbarkeit des nächsten Reisebüros genauso wie (fehlende) bedürfnisgerechte Angebote oder die fehlende Reisebegleitung (Schönknecht 2003: 107). Weiterhin wird angenommen, dass der Gesundheitsurlaub besonders die über 50-jährigen anspricht (Krieb/Reidl 2003: 155), Studienreisen insbesondere bei Personen mit höherer formaler Bildung (und höherem Einkommen) beliebt sind (Gaube 1995: 136) und Verkaufsfahrten hauptsächlich von Frauen im Alter zwischen 61 und 70 Jahren unternommen werden (ebenda).

Nach der eingangs vorgestellten Infratest- Typologie ist der erlebnisorientierte Aktive für die Tourismusbranche von besonderem Interesse. Sein extrovertierter Lebensstil sowie starke Lust- und Erlebniszentriertheit sind wesentliche Voraussetzungen für ein Interesse am Tourismus. Weiterhin sollte man aus marketingstrategischen Gründen auf den Terminus „Seniorenreise" gänzlich verzichten. So hat sich dieses Etikett in der Praxis nicht bewährt, was als „Antwort der Älteren auf eine künstliche Separation zu sehen [ist], die der erwünschten Integration in die Gesellschaft entgegensteht" (Becker 1998: 48). Andere Erklärungsansätze bietet die Antwort eines 65-jährigen, der nach seiner Einstellung zu Seniorenreisen entgegnete, daran würden „nur Greise" teilnehmen. Mit seiner Teilnahme würde der Konsument „öffentlich dokumentieren [...], dass man zu den ‚Alten' gehöre [...]" (ebenda). Aus diesen Gründen spricht man in der Tourismusbranche statt ‚betreutem Reisen' zunehmend von ‚Reiseangeboten mit besonderen Serviceleistungen.'

5.5.4 Präferenzen und Probleme beim Reisen in Alter

Trotz der immer komplexer werdenden Klassifizierung einer „Seniorenreise" ergaben Untersuchungen, dass sich bestimmte Wünsche und Schwierigkeiten vor und im Laufe des Reiseverlaufs bei älteren Touristen wiederholen und häufen. So haben reisefreudige Senioren insgesamt ein „überdurchschnittliches Informationsbedürfnis", bevor sie eine

Reise buchen (Krieb/Reidl 2003: 156). Weiterhin fällt in vielen Untersuchungen zur Urlaubsmotivation die Dimension „Erholung" auf, wobei diese als „ein mehrdimensionales Motivbündel" (Gaube 1995: 130) nicht klar definiert wird. Einig ist sich die Forschung darüber, dass „die Wünsche und Bedürfnisse Älterer nicht ausreichend berücksichtigt werden" (Schönknecht 2003: 216). Zu dem bereits erwähnten Motivbündel, also den Urlaubserwartungen der Zielgruppe 50plus, gehören insbesondere:

- Kontakt- und Kommunikationsmöglichkeiten,
- Komfort,
- Sicherheit (u.a. in Bezug auf medizinische Versorgung),
- „Verwöhnangebot" (in Form von Wellness, kulinarischen Genüssen,...)
- geeignetes Rahmenprogramm sowie
- angenehmes Klima und Natur.

(eigene Zusammenstellung nach Brunswig 2005, Schönknecht 2003, Krieb/ Reidl 2001 und Becker 1998)

Das Ausmaß des Bedürfnisses nach *Kontakten und Geselligkeit* wird in den Sozialwissenschaften kontrovers diskutiert. So lautet eine Position, dass nicht das Reiseangebot an sich, sondern „die positiven zwischenmenschlichen Beziehungen, die sich über die Integration in den Gruppenkontext ergeben" (Becker 1998: 49), die eigentliche „Quelle der Befriedigung" (ebenda) darstellen. Als Beispiel wird immer wieder auf die hohe Bedeutung der Verkaufsfahrten und Busreisen angeführt, doch fließen in die Publikationen der späten 1990er Jahre die aktuellsten Veränderungen in der Tourismusbranche noch nicht mit ein.

Andere Studien wiederum betonen, dass das Kontaktbedürfnis „eher eine untergeordnete Rolle" (Gaube 1995: 133) spielt. Als Mittelposition ließe sich ableiten, dass ältere Touristen zum einen selbst den Grad der Geselligkeit bestimmen sollten und ihre Kontaktmöglichkeiten sich zum anderen nicht nur auf Altersgesinnte beschränken sollten.

Weniger kontrovers diskutiert wird, dass Senioren höhere Ansprüche an *Komfort* haben als jüngere Touristen (Krieb/Reidl 2001; Gaube 1995.). Diese Qualität und Leistungsangebote umfassen Einzelheiten, von Gepäcktransportmöglichkeiten über eine entsprechende (Bade-) Zimmerausstattung bis hin zu Sonderleistungen wie Wellness-Verwöhn-Angeboten. Als Defizite werden oft zu niedrige Betten, fehlende Armlehnen an Sitzgelegenheiten, fehlende spezielle Kostformen und nicht an die körperliche Konstitution der älteren Touristen angepasste Ausflugsangebote genannt (vgl. Schönknecht 2003).

Die subjektiv empfundene *Sicherheit* spielt im höher werdenden Alter eine große Rolle. Diese beginnt mit ausreichender Beleuchtung sämtlicher Nutzwege und beinhaltet auch Sonderleistungen wie zur Verfügung stehende ärztliche Versorgung. Aber auch Sicherheit vor sozialer Isolation spielt eine Rolle. Diese wird nach Opaschowski z.B. in einer „Reisegruppe aufgehoben", da „das Gruppenzugehörigkeitsgefühl [...] Ängste in einer nicht vertrauten Umgebung (bindet) " (Becker 1998: 49).

Das Bedürfnis nach einem *„Verwöhnangebot"* ist nicht so sehr vom Alter der Touristen als vielmehr von ihrer persönlichen Veranlagung, Erfahrung und Finanzausstattung abhängig. So lassen sich auch Jüngere von der Sonne, guter Literatur oder einer kostenintensiven Schönheitsbehandlung verwöhnen.

Das Verwöhnbedürfnis unterscheidet sich vielmehr nach der physischen Konstitution der Reisenden, deren Werthaltungen oder ihren persönlichen Vorlieben für z.B. Kosmetik oder kulinarische Genüsse (Brunswig 2005: 113). Auch liegt dem Pauschalreisenden und Individualtouristen ein anders Verständnis von Verwöhnung zu Grunde, wobei Opaschowski betont, dass der serviceorientierte Qualitätsurlaub an Bedeutung zunehmen wird (Opaschowski 2000: 38ff.).

Obwohl mit dem Bedürfnis nach *Aktivität* bei Älteren nicht der Wunsch nach aktivem Sporturlaub gemeint ist, kann man nicht davon ausgehen, dass Ältere einen „primären Ausruhurlaub" (Gaube 1995: 139) favorisieren. Vielmehr sollte man von einer Verschiebung der Aktivitätsinteressen im Altere ausgehen. War es in jungen Jahren vielleicht der Tauchkurs oder der Skiurlaub, so überwiegen bei älteren „Wandern und Radfahren" (Krieb/Reidl2001: 154). Über die sportlichen Aktivitätsmöglichkeiten hinaus gibt es noch Potenziale im kulturellen oder gesundheitlichen Sektor. So sind vor allem Rentner mit einer höheren Bildung an historischen Stadtbesichtigungen (Krieb/ Reidl 2001: 161) oder finanziell besserstehende stärker an Fitnessurlaub interessiert (Gaube 1995: 136).

Schließlich soll angemerkt werden, dass der Stellenwert der *Natur* im Alter an Bedeutung zunimmt. So suchen fast 50% der Senioren eine „idyllische Landschaft und die freie unberührte Natur im Urlaub" (Gaube 1995: 132). Dies kann auch als ein Erklärungsansatz für das relativ hohe Interesse an Deutschland als Reiseland dienen. So bevorzugen die 50 – 65jährigen den Bodensee, Schwarzwald, Bayerischen Wald (31%), die bayerischen Alpen (27%) oder die Nordsee (13%) noch vor den Haupturlaubsländern Spanien (13%) und Österreich (11%) (Gaube 1995: 127). Selbstverständlich sind neben der Natur die kürzeren Anfahrtswege, die Sprachkenntnisse und die gewohnte Umgebung entscheidend (ebenda), wobei auch das gesunde Klima und die Tatsache, dass diese Gebiete auch von Gleichgesinnten aufgesucht werden, als Erklärung für ihre Beliebtheit dienen können.

Für das Seniorenmarketing ergeben sich aus den veränderten Reisebedürfnissen älterer Kunden zahlreiche neue Herausforderungen, auf die das Seniorenmarketing mit verschiedenen Konzepten und Strategien reagiert.

5.5.5 Seniorenmarketing in der Tourismusbranche

Am Beispiel des Tourismus-Konzerns TUI soll eine aktuelle Senioren-Reise-Strategie erörtert werden. Sie richtet sich gezielt an die vier Subzielgruppen (Kultur- und Natur-Typ; Comfort- und- Convenience- Typ; Wellness- und Gesundheits- Typ sowie Gruppen- und Geselligkeit- Typ), die bereits skizziert wurden (Brunswig 2005: 6) und basiert ihre Vermarktungsstrategie auf soziologische Befunde zum Reiseverhalten.

An den *Kultur- und Naturtyp* beispielsweise richtet man sich mit einem vergrößerten Angebot an Flusskreuzfahrten, da Senioren ein hohes Geografie-Interesse nachgesagt wird. So setzt das Tourismusunternehmen deutschlandweit inzwischen 22 Schiffe ein, die den Touristen – nach eigenen Angaben sind diese durchschnittlich 65-70 Jahre alt –, die Flusslandschaften Deutschlands und Russlands aufzeigen. Seniorenfreundliche Extras wie ein durchgängiger Gepäckservice oder ein Vor- und Nachbereitungsprogramm, das die Informationslust der Älteren aufgreift, runden das Angebot ab (Brunswig 2005: 11).

Den *Comfort- und Convenience-Typ* versucht man mit einem Gepäck und Transportservice zu erreichen, der die Last des schweren Gepäckes abnimmt und Sondergepäck (z.B. Fahrräder) transportiert.

Ein aktuelles Reiseprogramm mit dem Titel „TUI Vital" wendet sich explizit an den *Wellness- und Gesundheitstyp*. In Kooperation mit der DAK und der KKH werden so genannte „TUI Vital Pakete" angeboten, die von den Krankenkassen mitfinanziert werden. So zahlen die Kunden anfänglich den vollständigen Reisepreis, lassen sich eine Teilnahmebestätigung am Präventionsprogramm ausstellen und erhalten im Nachhinein bis zu 80% (max. jedoch 150 Euro) des Reisebetrages zurückerstattet (ebenda).

Schließlich sind auch auf den *Gruppen- und Geselligkeitstyp* spezielle Angebote zugeschnitten. Zu dieser Zielgruppe zählen besonders 2-Personen-Haushalte sowie allein stehende Frauen, deren Haushaltsnettoeinkommen niedrig bis mittel angesiedelt ist.

„Gemeinschaft" steht im Zentrum dieser Reiseangebote, zu deren Programmen gemeinschaftsfördernde Aktivitäten wie Tanzkurse, Internet-Seminare oder Sprachkurse gehören. Ein weiterer immer populärer werdender Ansatz ist auch bei TUI ein Rabatt-System, bei dem Senioren ab 60 bzw. 65 Jahren in der Regel 5% des Gesamtreisebetrages sparen (Brunswig 2005: 14).

5.5.6 *Exkurs:* Positive „Nebenwirkungen" von Reisen

Auch wenn „ physische Wirkungen wie bei sportlicher Aktivität [...] von Reisetätigkeit kaum zu erwarten [sind]" (Schönknecht 2003: 101), deuten Untersuchungen auf Zusammenhänge zwischen Reisen, psychischer Gesundheit und sozialer Integration hin. Besonderen Stellenwert für die höheren Altersgruppen hat der Kururlaub, der auch „der Regeneration von körperlichen Defiziten" (ebenda) dienen soll.

Weiterhin wird im wissenschaftlichen Diskurs angenommen, dass sich Reisen positiv auf die seelische Gesundheit auswirken könne (Graf 2002: 180ff.). Beispielsweise bietet diese Tätigkeit geistige Anregung durch die Begegnung mit unbekannten Menschen, neuen Umgebungen oder durch das (Re-)Aktivieren einer fremden Sprache. Der Reisemarkt gebraucht gerne den doppeldeutigen Begriff der „horizonterweiternden" Funktionen (Brunswig 2005: 10).

Darüber hinaus sind Reisetätigkeiten gerade für ältere und eingeschränkte Menschen eine Möglichkeit, sich selbst bewusst zu machen und dem Umfeld zu signalisieren, dass man noch aktiv am Leben partizipiert (Schönknecht 2003: 101).

Ein anderer wichtiger Bereich sind soziale Auswirkungen, die eine Reise haben kann (ebenda). Dies beginnt schon vor dem eigentlichen Reiseantritt. Das Aufsuchen eines Reisebüros oder die Auseinandersetzung mit den Bedürfnissen des Reisepartners beispielsweise können in den Alltag eingreifen. Während der Reise (besonders bei Gruppenreisen oder Vereinsfahrten) können Kontakte zu anderen Reisenden die soziale Anbindung aufbauen oder stärken, die auch nach der eigentlichen Unternehmung Bestand haben und somit den Alltag nachhaltig verbessern können.

5.6 Technologie und Internet - „Sense and simplicity“

Der letzte vorgestellte Markt umfasst alle Medien und technische Errungenschaften, die zunehmend die Lebenswirklichkeit Älterer prägen. Man spricht auch von der „Technisierung der privaten Haushalte“ (Gerling/Naegele/Scharfenorth 2004: 204). Dabei wird angenommen, dass die „herkömmliche Technik wie neue Technologien [...] auch für die selbstbestimmte Alttagsgestaltung älterer Menschen innerhalb und außerhalb der Wohnung eine immer bedeutsamere Rolle [spielen werden]“ (ebenda).

Dazu gehören – wie im Zusammenhang mit der Wohnungsbranche angedeutet – neben Einrichtungsgegenständen wie Dolby-Surround-Anlagen (=Heimkino), fernbedienbaren Lichtschaltern, Garagentoren und Rollläden verstärkt der Computer sowie speziell das Internet. Der Zugang zu den neuen Technologien und dem Internet erfolgt über die Reduzierung von Komplexität sowie verstärkt über das Wissen, das in unserer Wissensgesellschaft einen immer höheren Stellenwert erfährt.

5.6.1 Zugang durch Komplexitätsreduktion

Wie der Werbespruch des Unternehmens Philips demonstriert, sind „Sense and simplicity“ (also „Sinnhaftigkeit und Einfachheit“), zentrale Aspekte des Technikmarktes. Diese Kriterien sollen durch Reduzierung von Komplexität die Benutzerfreundlichkeit bzw. Benutzbarkeit des Produktes erhöhen. Definiert wird Benutzerfreundlichkeit nach der DIN EN ISO 9241-11 als „das Ausmaß, in dem ein Produkt durch bestimmte Nutzer in einem bestimmten Nutzungskontext genutzt werden kann, um bestimmte Ziele effektiv, effizient und zufriedenstellend zu erreichen“ (Turocha 2005:15). Die bereits in Bezug auf den Wohnmarkt erörterten barrierefreien Produkte sind Resultate dieser Überlegungen. Dass diese Konzeption auch in der Medien- und Technologiebranche Anklang findet, zeigt sich beispielsweise am Firmengrundsatz der BSH Bosch und Siemens Hausgeräte GmbH. Darin sichern die Unternehmen zu, „die gesamt-gesellschaftliche Bedeutung einer barrierefreien Gestaltung von Produkten [anzuerkennen], um möglichst viele Lebensbereiche auch für ältere und behinderte Menschen zugänglich zu machen“ (Turocha 2005: 14). Das bedeutet, dass die Produkte im Entwicklungsprozess auf sensorische, visuelle, auditive, haptische oder motorische Verbesserungsmöglichkeiten untersucht werden. Die „Anerkennung der „gesamt- gesellschaftliche[n] Bedeutung einer barrierefreien Gestaltung von Produkten“ (ebenda) bedeutet jedoch nicht, dass die

BSH Bosch und Siemens Hausgeräte GmbH zur Erfüllung gesetzlich geregelter Bestimmungen verpflichtet ist (vgl. Lohrum 2000: 400-410).

5.6.2 Zugang durch Wissen

Neben der Reduktion von Komplexität existiert in dieser Branche der Ansatz, den Zugang zu Medien- und Technikprodukten durch Wissen zu erleichtern.

So kursiert der Begriff *lebenslanges Lernen* seit Jahrzehnten in der Wissenschaft und Erwachsenenbildung, zu deren Bildungsangeboten im Alter Modelle in der Hochschulpolitik („Seniorenstudium") oder der Besuch von Kursen, Seminaren und Vorträgen anderer Bildungsträger zählen (vgl. Braun 1989: 71).

Für Schulungen und Seminare in der Medien- und Technikbranche sind Datenverarbeitung und Internet wichtige Themenschwerpunkte. So bemühen sich führende Anbieter für ihre Internetschnupperkurse besonders um die Zielgruppe 50plus, da nur noch in dieser Deckungsbedarf an Internetanschlüssen [und damit einhergehender Wissensbedarf – d. Verf.] besteht (Krieb/Reidl 2001: 176). Problematisch an der Aufstellung solcher Kursangebote ist jedoch, dass zum einen keinerlei Erfahrungen mit der Kombination von Seniorenkursen und Internet vorliegen und zum anderen die PC-Produkte und Programme bisher von jungen Leuten für junge Leute konzipiert worden sind. Fehlende Vorkenntnisse über die Computertechnik, anderes Lernverhalten oder auch körperliche Einschränkungen – z.B. erschwert Rheumatismus in den Händen den Gebrauch von Maus und Tastatur – sind solche zu berücksichtigenden Einzelheiten, wenn man zielgruppenorientierte Kurse anbieten will. Für den methodischen und didaktischen Aufbau solcher Computerschulungen gilt es außerdem zu beachten, dass sich die Zielgruppe 50plus oftmals schwer mit Fachbegriffen und Anglizismen tut. Generell gilt es berücksichtigen, ältere Kursteilnehmer trotz Wissensdefizite und Lernschwierigkeiten auf diesem Gebiet nicht wie Kinder sondern wie erwachsene Lerninteressierte zu behandeln (vgl. Siegesmund 2005 c). Schließlich sollte angemerkt werden, dass Weiterbildungsmaßnahmen für diese Zielgruppe „nicht nur Selbstzweck und Selbstbestätigung sein" sollen (Braun 1989: 72), sondern die Investition in Bildungsangebote auch volkswirtschaftlich sinnvoll ist.

5.6.3 Internetangebot und -Aktivitäten Älterer

Trotz der aufgeführten Hinderungsgründe und Lernschwierigkeiten kann die Generation 50plus nicht per se als technikuninteressiert bezeichnet werden. Aktuellste Daten besagen, dass 22% der über 54-jährigen im ersten Quartal des Jahres 2004 einen Internetanschluss besaßen (Statistisches Bundesamt 2005), wobei die rasante Marktentwicklung der letzten Monate nicht mitberücksichtigt ist. Dies bedeutet einen Anstieg der Anschlüsse um (mindestens) 8% seit 2002, was angesichts der gesamtdeutschen Versorgungsrate von z. Zt. 58% immer noch unterdurchschnittlich ist. Dabei wird das Angebot verstärkt von der Unterzielgruppe der erlebnisorientierten Aktiven angenommen, zu deren typischen Freizeitaktivitäten überdurchschnittlich stark das Surfen im Internet oder das Spielen am PC gehören (TNS Infratest 2005: 34). Weiterhin war der Anteil der männlichen „User“ mit 44% höher als der der weiblichen Benutzer (29%) (Statistisches Bundesamt 2004). Da die Wahrscheinlichkeit der privaten Internetnutzung zunimmt, wenn man „im Beruf mit dem Medium Kontakt hatte“ [oder parallel hat – d. Verf.] (ebenda) und immer mehr Berufsfelder an das Internet gebunden sind, ist davon auszugehen, dass der Anteil der Online- Haushalte weiter steigen wird. Dahinter steckt die Überlegung, dass der „Surfer“ seine erworbenen Handlungsweisen – hier Internettätigkeit am Arbeitsplatz – auch im Alter beibehält und auf private Nutzung verlagert.

Im Gegensatz zu zahlreichen quantitativen Angaben über die Internet-Ausstattung deutscher Haushalte gibt es nur spärliches Material zum Einsatz, zur sozialen Funktion oder zu Auswirkungen vom Internet-Gebrauch im Alter. Bekannt ist jedoch, dass Ältere das Internet zur „Information, Kommunikation, E-Commerce oder E-Government [nutzen]“ (Statistisches Bundesamt 2005). Besonders oft aufgerufen werden Informationen zu Reisedienstleistungen: Während der Anwendungsbereich nur für 36% der 15-34-jährigen interessant ist, machen 59% der über 64-jährigen von dieser Option Gebrauch (Statistisches Bundesamt 2005).

Es wird angenommen, dass die sich immer stärker durchsetzende Internet-Technologie zukünftig noch bedeutender für den Alltag der Zielgruppe 50plus werden wird: E-Mail-Kontakt mit dem im Ausland studierenden Enkel, Gebrauch von Online-Versandhäusern – an dieser Stelle sind die Internet-Apotheken hervorzuheben – , Suche nach Seniorenhotels oder Austausch mit Gleichgesinnten im „Netz“ (z.B. www.feierabend.de, www.50plus-ans-netz.de oder www.50plus.at) sind nur einige der Einsatzmöglichkeiten. Dabei hat dieses Medium den Vorteil, dass es über die Landesgrenzen hinaus Menschen verbindet und Anwendungsbereiche für jeden älteren „Surfer"-Typus darstellt. So findet der offene Senior schnell Kontakte, der Wissbegierige kann seinen Horizont erweitern und der Schnäppchenjäger Preise vergleichen. Gleichzeitig muss auch angemerkt werden, dass besonders bei älteren Menschen die Vielzahl der in diesem Medium präsentierten Angebote auch zur „Informationsüberlastung" führen kann (Köhler/Majer/Wiezorek 2001: 24), da der seniorenfreundliche Aufbau von Internetseiten noch nicht weit fortgeschritten ist.

5.6.4 Erfordernisse an einen seniorengerechten Computer (am Beispiel des „Kolibris")

Da ein Computer für die Nutzung des Internets unumgänglich ist und sich die Ansprüche an einen Rechner im höheren Alter ändern, soll im Folgenden das Modell „Kolibri" skizziert werden (vgl. Reife Märkte-online 2005 b). Die Zielgruppe bilden sämtlich Computerinteressierte ohne Vorkenntnisse sowie die Bewohner von Seniorenheimen und anderen vergleichbaren Einrichtungen. So wurde die Software gemeinsam mit „Gerontoexperten" und Alzheimerspezialisten entwickelt und soll auf spielerische Weise das Gedächtnis sowie die Motorik anregen. Konkret bedeutet dies, dass mit diesem Rechner einfache Briefe verfasst und gesendet, im Fotoalbum geblättert oder Spiele gespielt werden können.

Ein wesentlicher Unterschied zu normalen Computern besteht darin, dass statt der handelsüblichen Maus mit einem Touchscreen-Monitor gearbeitet wird. Tatsächlich fällt die Berührung des Bildschirmes vielen Menschen im fortgeschrittenen Alter leichter als die Steuerung der Maus, die sensorisches Geschick, gutes Sehvermögen und uneingeschränkte Bewegungsfunktion der Hand voraussetzt (De Fries 2005: 1). Eine weitere Maßnahme zur Reduzierung von Komplexität besteht darin, dass das Gerät ohne Festplatte arbeitet und somit das Zusammenbrechen des Systems, nahezu unmöglich ist. Statt die Informationen auf einer Festplatte zu speichern werden sie direkt aus dem Internet geladen. Mit 2400 Euro brutto und zusätzlichen zu entrichtenden Jahreslizenzgebühren ist die Anschaffung und Haltung um ein Vielfaches teurer als vergleichbare Varianten. Über die bereits erörterten Ansätze hinaus formulieren ältere Computernutzer folgende Wünsche:

Um überhaupt den Kauf abwickeln zu können, ist zunächst eine *gute* Beratung notwendig (ebenda). *Gut* im Sinne des Kunden bedeutet unter anderem, dass auf komplizierte

Fachsprache und englische Ausdrücke verzichtet werden sollte bzw. diese dem Kenntnisstand des Kunden entsprechend erläutert werden müssten. Nach der Kaufabwicklung wäre Hilfe bei der Installation zu Hause angebracht. Es ist zu überlegen, inwiefern solche Installationshilfen und Reparaturdienste als besondere Serviceleistungen für die Zielgruppe 50plus vermarktet werden könnten. Die inhaltliche Zusammensetzung des Computers ist nicht pauschal festsetzbar, sondern sollte sich nach den individuellen Kenntnissen und Anwendungszwecken richten.

An dieser Stelle – wie auch in anderen Bereichen des Seniorenmarketings – ist der Kunde aufgefordert, seine Ansprüche so präzise wie möglich zu formulieren und eventuell bei der Entwicklung „seiner“ Produkte mitzuwirken.

5.6.5 *Exkurs:* Bestätigung der Ergebnisse durch persönlichen Kursbesuch

Um die theoretischen Befunde der Literatur mit der realen Situation der Oldenburger Senioren abzugleichen, habe ich persönlich an Sitzungen eines Word- und Internet-Kurses der AWO Oldenburg teilgenommen und anschließend ein Interview mit dem Dozenten Heiko de Fries durchgeführt. Im Folgenden sollen die wesentlichen Aussagen dieser qualitativen Befragung skizziert sowie persönliche Eindrücke über den Kursverlauf geschildert werden. Dabei sei angemerkt, dass die praktischen Erfahrungen mit den theoretischen Ergebnissen der Literatur weitestgehend übereinstimmten.

So bekräftigte Herr de Fries, dass Feinmotorik und Koordination gleichzeitiger Arbeitsvorgänge die größten Schwierigkeiten der Älteren im Umgang mit dem Computer darstellten. Er führte als Beispiel die manuelle Steuerung der Maus (Doppelklick!) bei gleichzeitiger Konzentration auf den Bildschirm an und tatsächlich wurde dieses Problem des Öfteren während der Unterrichtsstunde offenkundig. Auch die Bedienung des Rollbalkens am Monitorrand zum herunter- oder hochfahren der Seite gestaltete sich als schwierig, da diese Tätigkeit Feinmotorik und Übung voraussetzt. Dabei waren Übung und Wiederholung wesentliche Bestandteile der Unterrichtsstunden, was natürlich zu Lasten einer tiefgründigen Beschäftigung mit dem Medium ging. Zudem reduzierte der Dozent Komplexität, indem er abstrakte Anwendungen wie das Öffnen, Ablegen oder Schließen eines Ordners durch parallele Demonstrationen am realen Aktenordner im Schrank konkretisierte. Noch stärker als in der Literatur herrschte im Kurs der Eindruck, dass der Besuch persönlicher Freude diente, obwohl bei Misslingen eine hohe Frustration bei zwei männlichen Kursteilnehmern zu bemerken war.

In diesem Zusammenhang berichtete Herr de Fries, der gleichzeitig Kurse für Jugendliche leitet, dass die Älteren wesentlich mehr Zeit für die Vor- und Nachbereitung der Kurse aufwendeten. Dies geschehe meistens an älteren Computern, die von Kindern oder Enkeln ausrangiert und der älteren Generation vermacht werden. Abschließend verwies der Dozent auf ein von Hilfsbereitschaft und Verständnis geprägtes soziales Miteinander, das er unter den Senioren beobachtete.

Dass der kommunikative Austausch ein wichtiges Moment der Kursbesuche ist, erkannte man an den Kaffeepausen, die nach den Unterrichtsstunden angeboten werden und zumindest während meiner Hospitation angenommen wurden.

5.7 Fazit: Die wichtigsten Seniorenmärkte

Die Einteilungs- und Strukturierungsmöglichkeiten der Seniorenmärkte sind vielfältig, doch sind die hier vorgestellten Branchen als wichtig zu bezeichnen. So decken die Gesundheits-, Kosmetik-, Wohnungs-, Automobil, - Tourismus- und Medienbranche zum einen eigenständig große Bereiche des gesellschaftlichen Lebens ab und sind dabei zum anderen so durchlässig, dass sie mit anderen Märkten Schnittstellen aufweisen. Denkbare Beispiele sind Aktivreisen (Sport und Reisen) oder medizinische Kosmetik (Gesundheit und Kosmetik). Besonders stark zeigte sich die Fokussierung auf die Zielgruppe 50plus naturgemäß im Gesundheitsmarkt sowie auch in der Tourismus- und Wohnungsbranche, wohingegen der Kosmetikmarkt und die Technikindustrie (mit Ausnahme des Internets) einen besonders großen Nachholbedarf für die Zukunft aufweisen. Weiterhin wurde bei der Bearbeitung der Märkte deutlich, dass es mindestens diverse strategische Ansätze zum Aufbau eines Seniorenmarktes gibt, die bei Grunder und Rutishauser „Integrationsmarketing, kommuniziertes-, verdecktes- oder reines Seniorenmarketing“ heißen (Grunder/Rutishauser 2005: 15).

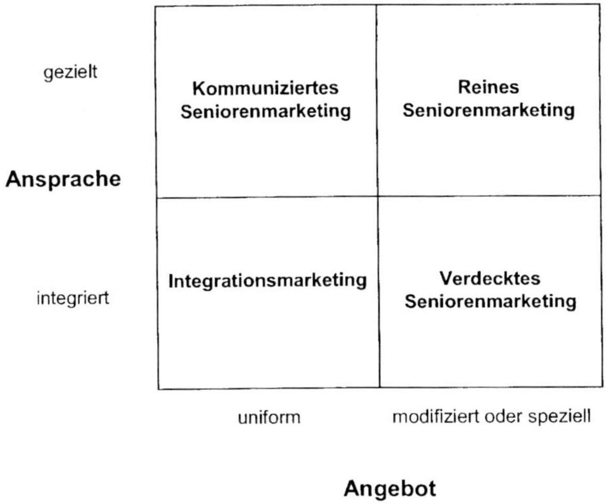

Abbildung 9: Unterschiedliche Seniorenmarketing-Varianten, Quelle: Grunder/Rutishäuser 2005: 15

Mit *Integrationsmarketing* (auch „Intergeneratives Marketing" genannt) ist das klassische Massen-Marketing gemeint, das „sich insbesondere für Produkte und Dienstleistungen [eignet], deren Verwendung unabhängig vom Alter der Konsumenten ist" (ebenda), da „kaum Differenzen bei den Bedürfnissen und Erwartungen erkennbar sind" (Gaube 1995: 143). Beispiele für „Integrationsprodukte" waren z.B. Mineralwasser.

Das *kommunizierte Seniorenmarketing* hingegen bedient sich in der Ansprache bewusst des Alters, da es über einen Preisvorteil entscheidet. In der Praxis bedeutet dies oftmals eine Preisreduzierung in Form von Seniorenrabatten für öffentliche Verkehrsmittel sowie Eintrittskarten für Konzerte oder Kinoveranstaltungen. In der vorliegenden Arbeit lieferten die Seniorenrabatte in der Tourismusbranche sowie Preisreduzierungen für Internetkurse oder Schönheitsbehandlungen Beispiele für diese Form des Seniorenmarketings. Eine besonders elegante Kommunikationsform gelang der Firma Beiersdorf AG mit der Formulierung „für die reife Haut", die der Nivea Vital- Kosmetikserie zum Erfolg verhalf.

Beim *verdecken Seniorenmarketing* werden statt des Alters spezielle Produkteigenschaften in den Vordergrund gestellt, die den Nutzen für den älteren Konsumenten betonen. Dazu gehören beispielsweise die Aspekte „Funktionalität, einfache Bedienbarkeit, Selbstständigkeit und Sicherheit" (Grunder/Rutishauser 2005: 16). In der bisherigen Beleuchtung der sechs Branchen fällt auf, dass die meisten Produkte und Dienstleistungen nach dieser Strategie auf dem Markt platziert werden. Sowohl die Automobilindustrie, die als „Reisen mit speziellen Serviceleistungen" getarnten „Seniorenreisen" oder die komplexitätsreduzierten technischen Geräte sind als Beispiele für das verdeckte Seniorenmarketing zu nennen. Dahinter steckt die Überlegung, dass Alter zum einen subjektiv empfunden wird und die Verwendung von Altersgrenzen sowohl die Zielgruppe verkleinern als auch den Konsumenten stigmatisieren kann.

Schließlich handelt es sich bei Produkten und Dienstleistungen, die nach den Grundsätzen des *reinen Seniorenmarketings* angeboten werden meist um geriatrische Produkte, wie sie im Zusammenhang mit der klassischen Sparte des Gesundheitsmarktes erwähnt wurden.

So gibt es in Deutschland speziell auf die Bedürfnisse der älteren Konsumenten zugeschnittene Einkaufsläden oder Versandhäuser (Senio-online 2005). Der „explizite Seniorenmarkt kann jedoch nur dann erfolgreich sein, wenn seine Existenz in der subjektiven Beurteilung der Zielgruppe mit eindeutigen Konsumvorteilen verbunden ist" (Baumann 1990: 36). Subtiler hingegen arbeitet z.B. ein Einkaufsladen in Hamburg, der sich statt „Seniorenhandel" „Nobody-is-perfect" nennt und laut Auskunft der Geschäftsführerin auf durchweg positive Resonanz bei Jung uns Alt stößt (Stephani 2005).

6 Optimierungsmaßnahmen im Seniorenmarketing

Größere Haltbarkeitsdaten, mehrere Toilettenpausen während der Theatervorstellung, rheumafreundliche Computertastaturen, größere Umkleidekabinen, Partneragenturen für Senioren oder leicht zu öffnende Gurkengläser – die Gestaltungsempfehlungen für Produkte und Dienstleistungen im Seniorenmarketing sind nahezu endlos. Die Optimierungsmaßnahmen umfassen sämtliche Bereiche von der Produktentwicklung und Verpackungsgestaltung über spezielle Preise und Konditionen bis hin zur Marketingkommunikation und Distribution.

So ist z.B. richtige Kommunikation in der Apotheke oder im Reisebüro besonders wichtig, während die Kaufentscheidung im Kosmetikmarkt stark vom Werbeauftritt geprägt ist und in der Automobilindustrie die Kaufentscheidung von der Produktgestaltung und Markenprestige abhängt.

Als Ursache für die bestehenden Mängel im Seniorenmarketing ist eine Vielzahl von Gründen zu nennen. So wird „das Anbeten von Komplexität und Ästhetik durch Designer, die den Benutzer außer acht lassen" (Meyer-Henschel 2004: 37), angeführt. Zudem wird Marketing eher vom schnellen Tagesgeschäft und Preiswettbewerb bestimmt, während im Seniorenmarketing in langfristigen Dimensionen sowie qualitativen Kategorien gedacht werden muss. Weiterhin fehlt schlichtweg die Erfahrung mit der seniorengerechten Ausstattung von Produkten oder Dienstleistungen, da es diese Konstellation in der Vergangenheit nicht gegeben hat. Schließlich können sich die meist jungen Entwickler und Werbeexperten – anders als in die Rolle eines Kindes – nicht in die Situation eines älteren Menschen hineinversetzen, weil sie das Stadium des Altseins noch nicht erlebt haben (vgl. Michael 2005: 8ff.).

Im Mittelpunkt der folgenden Überlegungen stehen daher Gestaltungsempfehlungen, die sich in erster Linie an die Ladengestaltung richten, weil der Einzelhandel ein großer und wesentlicher Austragungsort für Konsum ist. Dabei stehen die Kundengespräche, sowie die Produkt- oder Verkaufsraumgestaltung im Zentrum der Überlegungen. Anschließend erfolgt ein Blick auf das Ausland, das mit einigen Innovationen als Vorbild für Deutschland dienen kann.

6.1 Anforderungen an das Kundengespräch

Sämtliche Ergebnisse der gegenwärtigen Literatur heben hervor, dass ältere Kunden besonders die Freundlichkeit des Verkaufspersonals schätzen (vgl. Meyer-Henschel 2004, Krieb/Reidl 2001, u.a.). Das „seniorentaugliche" Personal sollte eine positive Einstellung gegenüber der 50plus- Generation besitzen" (Hölper 2002: 78), „zuvorkommend, respektvoll und geduldig sein" (Brünner 1997: 211) sowie die Bedürfnisse und Interessen des Konsumenten ernst nehmen (vgl. Krieb/Reidl 2001: 70). Da erfolgreiche Kommunikation die Grundlage für ein zufriedenstellendes Kundengespräch darstellt, werden in Folgenden wesentliche Aspekte gelungener Seniorenkommunikation herausgearbeitet.

6.1.1 Sensible Ansprache

Die Ansprache der Kunden kann sowohl über Werbung, Produktpräsentation oder Verkaufspersonal erfolgen, wobei sich Kunden grundsätzlich keine Ansprache über das Alter wünschen (Krieb/Reidl 2001: 71). Dies liegt darin begründet, dass diese Personen „nicht ausgegrenzt und ständig an ihr [reales] Alter erinnert werden wollen" (Hölper 2002: 74).

Die Werbeindustrie berücksichtigt diesen Umstand weitestgehend, indem sie die potenziellen Kunden über das subjektiv wahrgenommene Alter anspricht, das durchschnittlich 10-15 Jahren unter dem realen Alter liegt (Gaube 1995: 177). Dabei sei angemerkt, dass diese Schablone für viele nicht greift. Einen Mann, der 62 Jahre alt ist, sein Aussehen auf 56 schätzt, sich wie 52 fühlt und von der Umwelt wieder anders wahrgenommen wird, erreicht man eher durch „viel Einfühlungsvermögen und noch mehr sozialtechnisches Know-how [als] durch nicht reflektierte Anwendung von Faustformeln" (Meyer-Henschel 2004: 33).

Eine Möglichkeit ist die Verwendung von „speziellen [positiv besetzten – d. Verf.] Schlüssel- oder Reizwörtern" (Härtl-Kasulke 1998: 85f). „Reife Haut" (Nivea Vital) oder „Internet-Kurs am Nachmittag" sind Beispiele solcher gelungenen Zielgruppenansprache. Als geeignet hat sich bisher auch die Ansprache Älterer über die Rolle der Großeltern oder über die Beraterrolle erwiesen (Gaube 1995: 177), doch ist im Zeitalter von immer mehr Großeltern mit immer weniger Enkeln nicht abzusehen, ob die Ansprache Älterer durch das Großeltern-Schema an Bedeutung verlieren oder gewinnen wird.

6.1.2 Beratungsleistungen

Zu den zentralen Funktionen eines Verkaufsgespräches zählt die Beratungs- und Betreuungsleistung durch das Personal, da „ein negativer Zusammenhang zwischen dem Alter und der aufgenommenen Informationsmenge besteht“ (Kroeber-Riel 2003: 541). Dabei muss das Verkaufspersonal den Balanceakt bewerkstelligen, ein „ganz normales“ Gespräch zu führen und gleichzeitig die altersspezifischen Wünsche und Bedürfnisse der Kunden im Auge zu behalten.

„Besondere Aufmerksamkeit ohne erkennbare Sonderbehandlung“ (Hölper 2002: 74) sollte die Devise lauten. Komplexer wird die Situation dadurch, wenn neben dem Alter auch noch das Geschlecht bedient werden soll, mit dem man keine Erfahrung in der Gesprächsführung hat. Ältere Frauen, die sich immer stärker für den Autokauf interessieren, stellen solche neunen Herausforderungen dar.

Auch der Kosmetikbereich, der aufgrund des eingeleiteten Wertewandels den Focus zukünftig stärker auf den männlichen Kunden legen wird, muss die zielgruppenorientierte Ansprache ausbauen. Im Zeitalter von „Geiz- ist-geil!“- Attitüden und kostengünstigen Discountermärkten mit Selbstbedienungscharakter wird die kostenintensive Serviceleistung jedoch immer stärker an ihre Grenzen stoßen (vgl. Köhler/Majer/Wiezorek 2001: 24ff). Dabei verlangt der „neue Verbraucher“, der emanzipierter, kritikfreudiger, anspruchsvoller [...] umweltbewusster, narzisstischer aber zugleich weniger protzsüchtig und vor allem multipler, unberechenbarer [ist]“ (Halstenberg 1996: 4), dem Verkaufsmitarbeiter einiges ab. So muss dieser Kenntnisse über die körperlichen Einschränkungen sowie psychische Wahrnehmungsveränderungen des Kunden haben und diese Informationen subtil in das Kundengespräch integrieren.

Zur gelungenen Interaktion zwischen Verkäufer und Konsumenten gehört auch die nonverbale Kommunikation, da ihr eine höhere Glaubwürdigkeit als dem eigentlichen Verkaufsgespräch bescheinigt wird (Kroeber-Riel 2003: 537). Wie bereits herausgearbeitet wurde, lässt das Seh- und Hörvermögen im Alter nach und der Geschmacks-, Riech- und Tastsinn nehmen ab. Für ein seniorengerechtes Beratungsgespräch ergibt sich daraus beispielsweise, dass man dem Kunden anbietet, „sie vor den Eingang zu begleiten, um [einen] Artikel bei Tageslicht zu betrachten“ (Hölper 2002: 75), sich bemüht, „langsam und deutlich, laut und akzentuiert zu sprechen“ (ebenda) und Oberflächenbeschaffenheiten oder Gerüche mit Worten zu beschreiben versucht. Diese mündlichen Erklärungen sollen jedoch nur als Untermauerung der Erfahrungen dienen, die die eingeschränkten Senioren durch eigenes Ertasten, Schmecken oder Riechen machen.

Weiterhin müssen Verkäufer verinnerlichen, dass die meisten älteren Kunden Wert auf eine gute und verständliche Sprache legen, so dass die Vermeidung von Anglizismen und Ausdrücken der Jugendsprache angebracht scheint. Darüber hinaus hat sich bewiesen, „auf nicht allgemeingebräuchliche Ausdrücke [...] zu verzichten [und stattdessen – d. Verf.] über die spezifischen Nutzenerwartungen der Senioren zu kommunizieren“ (Grunder/Rutishauser 2005: 23). „'Bequem lesen im Bett'“ eignet sich folglich besser als ‚hydraulische Kopfteilverstellung mit Fernbedienung'“ (ebenda).

Auch die Tatsachen, dass ältere Menschen länger bis zur Entscheidungsfindung brauchen oder komplexe Sachverhalte langsamer verstehen, müssen im Kundengespräch berücksichtigt werden. So empfiehlt es sich, dem Kunden genügend Bedenkzeit einzuräumen oder Produktvorteile durch Beispiele hervorzuheben.

Zudem scheint die Wiederholung und Zusammenfassung von Hauptinformationen und Produktvorteilen für ein Beratungsgespräch sinnvoll, dessen Verlauf beide Seiten zufrieden stellen soll. Neben der inhaltlich überzeugenden Kommunikation gehören auch äußere Rahmenbedingungen zu einem gelungenen Kundengespräch. So sollten im Einkaufszentrum ausreichend Sitzgelegenheiten angeboten werden, Sehhilfen in Form von Brillen und Lupen zur Verfügung stehen oder bei längeren Gesprächen ein Getränk serviert oder bisher getätigte Einkäufe abgenommen werden. Diese Beratungsleistungen könnten durch zusätzlich einzustellende „Einkaufsberater“ gewährleistet werden, die im Laden aufmerksam nach potenziellen Beratungsbedürftigen Ausschau halten und ihre Dienste entsprechend anbieten. Langfristig sollte dieses Modell nicht nur aus Verbrauchersicht sondern auch wirtschaftlicher Perspektive attraktiv sein.

6.1.3 Bedarfsgerechter Personaleinsatz

Da das Verkaufspersonal selbst „eine der Schlüsselrollen für eine erfolgreiche Betreuung älterer Kunden“ (Hölper 2002: 72) darstellt, kommt seiner Schulung eine zentrale Bedeutung zu. Obwohl einfühlsames Beraten und Verkaufen nicht primär mit dem Alter der Verkaufsperson zusammenhängt und auch von Jüngeren erlernbar ist (Meyer-Henschel 2004: 51), empfehlen einschlägige Optimierungsratgeber im Seniorenmarketing, ältere Verkäufer als Personal einzustellen (Lewis 1996: 139). Zum einen wird ihnen größere Fachkenntnis zugetraut (Ausnahmen bilden hier die Technikmärkte), zum anderen bescheinigt man älteren Verkäufern „mehr Reife, mehr Erfahrung, mehr Verständnis [...] und mehr Kompetenz“ (Hölper 2002: 78). Darüber hinaus ist eine beidseitige Identifikation leichter möglich, die vertrauenssteigernd wirken kann.

Zum gewünschten Erscheinungsbild des Verkäufers gehört neben dem passenden Alter ein ansprechendes Äußeres. So überzeugt eine Modeverkäuferin durch stilsichere Kleidung, ein Friseur durch einen (in den Augen der Kunden) gelungenen Haarschnitt auf dem eigenen Kopf. Dabei dürfen die Anpassungsbestrebungen nicht in einer Verstellung der Mitarbeiter ausarten, da ältere Kunden auch Authentizität der Verkäufer schätzen (Meyer-Henschel 2004: 31). So wird z.B. die Glorifizierung des schönen Lebens im Ruhestand schnell als unglaubwürdige Phrase entlarvt (ebenda), weil der Kunde durch die eigene Biographie auch die Negativseiten des Alters kennengelernt haben wird.

Um dem Verkaufspersonal die spezifischen Bedürfnisse älterer Kunden näher zu bringen, sind Personalschulungen geeignet. So bieten Unternehmen wie z.B. „BMW [oder auch die Commerzbank, Allianzversicherung, u.a. – d. Verf.] seinen Verkäufern, Händlern und Managern Seminare für den Kundenkontakt mit der Zielgruppe 50plus an“ (Grunder/Rutishauser 2005: 22). Besonders effektiv sind Fortbildungen, in denen die Mitarbeiter persönliche Erfahrungen mit dem Alter machen können.

So entwickelte das Institut Meyer-Henschel aus Saarbrücken im Jahre 1994 den so genannten. „Age- Explorer®“, der durch die Anwendung am eigenen Körper das Alter simuliert. Ein weiterer Vorteil dieses Ganzkörperkostüms besteht darin, dass er auf „das ganzheitliche Verständnis des Verhaltens älterer Menschen“ (Meyer-Henschel 2004: 29) abzielt.

6.2 Anforderungen an die Produktgestaltung

Produktgestaltung muss als „interdisziplinäre Aufgabe“ verstanden werden, da sie von vielen Einflussbereichen wie der Forschung und Entwicklung, der Konstruktion, dem Design, dem Produktmanagement, usw. abhängt, wobei die jeweiligen Zielsetzungen widersprüchlich sein können und zu einem Gesamtkonzept verschmolzen werden müssen (Koppelmann 1987: 248). Für die Kundengruppe der Senioren ist beispielsweise „das technisch Machbare [...] nicht entscheidend“ (Meyer-Henschel 2004: 37), da fortschrittlichste Technik und schickes Design nicht immer die altersbedingten Bedürfnissen der Konsumenten befriedigen. Diese Diametralität von Funktionalität und Design ist eine weitere Herausforderung im Seniorenmarketing. Während es seniorengerechten Produkten an ansprechendem Design fehlt, sind optisch ansprechende Artikel oftmals benutzerunfreundlich.

Dabei stehen Gestaltungszweck und Funktionalität im Zentrum der Bedürfnisse Älterer, wobei eine ansprechende optische Aufmachung einen zusätzlichen Produktvorteil darstellt. An dieser Stelle ist zu betonen, dass Verpackungsoptimierungen auch mit „Kostenerhöhungen verknüpft [sein können]“ (Koppelmann 1971: 248), die letztlich auf dem Endverbraucher verlagert werden. Dabei dominiert jedoch das wachsende Qualitätsbewusstsein im Alter, da Senioren im Allgemeinen eine „Qualität vor Preis “-Haltung bescheinigt wird (Hölper 2002: 96).

Gerade im Zeitalter der Discountmärkte und der Selbstbedienung wird die Gestaltung der Verpackung bzw. des Produktes immer wichtiger, da sie „häufig die beratende und kaufanreizende Funktion des Verkäufers (übernimmt)“ (Brünner 1997: 200).

Schließlich besteht auch in der Produktgestaltung die größte Herausforderung darin, die Produktvorteile für den älteren Kunden so stark wie möglich herauszuarbeiten, ohne das Alter zu sehr zu thematisieren. Exemplarisch werden im Folgenden elementare Mittel der Produktgestaltung erörtert, deren optimierter Einsatz eine Bereicherung für das Seniorenmarketing darstellt.

6.2.1 Farbe

Blendempfindlichkeit, reduzierte Farbwahrnehmung, veränderte Farbpräferenzen und Assoziationen im Alter – die Gründe für einen bewussten Farbeinsatz im Seniorenmarketing sind vielfältig.

So ist bereits am Beispiel der Automobilbranche detailliert dargestellt worden, dass das Sehvermögen im Alter vielfältigen Einschränkungen unterworfen ist, die bei der Produktgestaltung berücksichtigt werden müssen. Auch wenn die Farbgestaltung – anders als bei jungen Konsumenten – nicht primär dem Kaufanreiz dient (Brünner 1997: 201), ist die Kundenzufriedenheit ein wichtiges Ziel.

Ein vielzitiertes Beispiel ist die Unterscheidungsschwierigkeit von blau und grün bei Älteren, die selbst beim Schokoladenkauf zu Verwechslung und somit Unzufriedenheit führen kann, da Vollmilch meist blau und Nuss oft grün gekennzeichnet wird (Gaube

1995: 54). Ähnlich verhält es sich beim Mineralwasser, das in diesen Farben zwischen „still“ und „kohlensäurehaltig“ unterscheidet. Aber auch schwerwiegendere Folgen sind denkbar, wenn z. B. Medikamentverpackungen verwechselt werden. Eine weitere Erschwernis im Alter ist die Zunahme der Blendempfindlichkeit, die die Teilnahme am Straßenverkehr gefährlich macht, beim Lesen stört und den Einkauf erschweren kann. Möglichkeiten zur Reduzierung dieser Frustrationsquellen sind an die Erfordernisse im Alter angepasste Beleuchtungen oder die Verwendung von Negativschrift und kontrastreicher Beschriftung in Presse und auf Produktverpackungen.

Neben diesen funktionalen Aspekten ist Farbe ein gängiges Mittel in der Produktgestaltung, „um ästhetische Akzente zu setzen“ (Koppelmann 1987: 301). Man denke beispielsweise an die steril wirkenden barrierefreien Produkte im Sanitätsbereich, die größtenteils in langweiligem Weiß oder Grau gehalten sind. Die Farbgestaltung basiert auf der auch im heutigen Seniorenmarketing gängigen Annahme, dass „ältere Konsumenten ungewöhnliche Farben für Produkte ablehnen, wenn sie die Produkte traditionell [...] mit anderen Farben assoziieren“ (Brünner 1997: 202).

Auf der anderen Seite gilt zu bedenken, dass Farben individualpsychologisch als „Ausdrucksträger von Lebensgefühlen fungieren“ (Koppelmann 1987: 301) und längst nicht alle Senioren ein „graues Dasein“ führen, sondern einen „bunten Ruhestand“ wünschen. Angesichts der ausländischen Anteile in der Bevölkerungszusammensetzung gilt im Seniorenmarketing ebenfalls zu bedenken, dass Farbpräferenzen von Gesellschaft zu Gesellschaft variieren und „je nach Kultur besondere Assoziationen und Erwartungshaltungen [hervorrufen]“ (Halstenberg 1996: 45f). So ist die in Deutschland erfolgreiche Nivea-Farbe Blau im Iran Ausdruck von Trauer und Leid und „für die Vermarktung kommerzieller Produkte weniger geeignet“, während sie in „Holland [...] mit Wärme [und] in Schweden mit Kälte assoziiert [wird]“ (ebenda).

Neben der Produktgestaltung spielen Farben auch in Werbeanzeigen eine große Rolle, da „farbige Anzeigen dreimal so gut im Gedächtnis haften wie Schwarz-Weiße [...]“ (Krieb/Reidl 2001: 126).

6.2.2 Text- und Bildinformationen

Produktverpackungen, Beipackzettel, Kassenzettel, Bedienungsanleitungen oder Fahrkarten – auch hier ließe sich die Auflistung der Beispiele mühelos erweitern, die die Bedeutung der Text und Bildinformationen für Produkte und Verpackungen verdeutlichen. Ein weiterer Grund für die Bedeutungszunahme von Text- und Bildinformationen ist die „selbstverkäufliche Packungsgestaltung“ (Koppelmann 1987: 140), die sich immer weiter durchsetzt und somit „in eigener Sache“ informieren, werben und überzeugen muss. Dass die Sehfähigkeit im Alter abnehmen kann, wurde im Zusammenhang mit dem Automobilmarkt erörtert. Gleichzeitig muss die Schlussfolgerung „Je größer die Schrift, desto besser“ relativiert werden (Brünner: 1997: 203). So besteht nach Meyer-Henschel bei einer Schriftgröße ab 14 Punkten zum einen die Gefahr, „dass Worte nicht mehr als Einheit sondern zunächst nur als einzelne Buchstaben erkannt werden“ (ebenda). Zum anderen gilt es auch bedenken, dass Praktikabilität mit ästhetischem Design und technischen Realisierungsmöglichkeiten abgestimmt werden müssen. Schließlich ist die Stigmatisierung der Zielgruppe ein weiteres Gegenargument für die bloße Vergrößerung der Schriftzeichen (Meyer- Henschel 2004: 45).

Weitere Einflussfaktoren zur Steigerung der Lesbarkeit sind neben der Größe auch die Art der Schrift, sowie die Farbe der Schrift und des Hintergrundes, die möglichst kontraststark sein sollten. So ist die vielzitierte Negativ-Schrift (trotz Ungewohnheit) für Ältere besser lesbar, „da keine Blendeffekte vor dem sonst oftmals weißen Untergrund ausgehen können“ (Gaube 1995: 63). Weiterhin stören sich 78% der Senioren an der schlechten Lesbarkeit des Haltbarkeitsdatums (Meyer-Henschel 2004: 45), und 46% wünschen sich eine verbesserte Gestaltung desselben (Krieb/ Reidl 2001: 71). Auch ist diese Information nicht einheitlich platziert oder oftmals nur eingestanzt, was eine noch größere Seherschwernis darstellen kann. Problematisch ist die Verwendung von englischen oder technischen Fachausdrücken sowie der heutigen Modesprache, da besonders ältere Konsumenten eine „gute“ deutsche Sprache bevorzugen und erwarten.

An dieser Stelle muss ergänzt werden, dass im Marketing der sprachliche Zugang stärker mit dem Lebensstil als mit dem Alter gekoppelt ist (Kroeber-Riel 2005: 557f). Da formale Bildung ein wesentliches Kriterium für die Zuordnung in Lebensstilgruppen darstellt und der Anteil der formal gebildeten Älteren weiter steigen wird, scheint es wahrscheinlich, dass diese Zielgruppe auch zukünftig über den elaborierten Sprachcode erreicht werden kann (vgl. Halstenberg 1996: 39f), wobei gleichzeitig unbekannte Begriffe vermieden werden sollten.

6.2.3 Materialbeschaffenheit und Handhabung

Durch adäquate Oberflächenstruktur, Form sowie Größe und Gewicht kann ein wesentlicher Beitrag zur seniorengerechten Gestaltung von Produkten geleistet werden. Dabei stehen die vereinfachte Handhabung sowie der Sicherheitsaspekt im Zentrum der Überlegungen (Brünner 1997: 205). Als geeignete Oberflächen beispielsweise werden vor allem rutschfeste und blendfreie Materialien betrachtet.

Erwähnenswert scheint darüber hinaus die haptische Wirkung der rauen Materialien, die im Gegensatz zu glatten Oberflächen als natürlich und warm empfunden werden (Koppelmann 1987: 311). Als Beispiele für erfolgreiche Anwendung dieses Prinzips sind rutschfeste Rasierapparate, Zahnbürsten oder Kugelschreiber sowie die PET- Mineralwasserflaschen zu nennen. Da die Plastikflaschen „an der Griffstelle genoppt sind" (Brünner 1997: 204), erleichtern sie die sichere Dosierung. Auf der anderen Seite gilt zu bedenken, dass die älteren Verbraucher an die Haptik der leichteren und rutschfesten PET- Flasche nicht gewöhnt sind und klassisches Glas bevorzugen. Die prägnante Formgebung der Produkte spielt für den Konsumenten eine große Bedeutung, da die Formen auch bei abnehmenden Sinneswahrnehmungen einen großen Wiedererkennungswert haben (vgl. Köhler/Majer/Wiezorek 2001: 31). Einen weiterer Vorteil von geeigneter Materialoberfläche hat der Schweizer Zahnpasta- Hersteller Trybol AG vermarktet, dessen Tuben – wie früher – aus Aluminium bestehen, da sie sich besser ausdrücken lassen (Grunder/Rutishauser 2004: 20). Auch die US-amerikanische Kochtopflinie Oxo mit ihren dicken, gepolsterten und rauen Griffen bietet hohen Benutzerkomfort. Dabei waren diese Kochutensilien zunächst für Arthritiskranke gedacht (Gloger 2002: 10).

Die räumliche Gestalt wiederum hängt mit Größe und Gewicht der Produkte zusammen, die nicht immer zu Gunsten des älteren Konsumenten gewählt werden. So sind die Verkaufseinheiten trotz des aktuellen „Mini"- Trends in der Konsumgüterbranche auch heute noch nicht optimal an Singlehaushalte angepasst, oder die Verpackungen stehen größen- und gewichtstechnisch oftmals nicht im Verhältnis zum Inhalt.

Als Beispiele sind schwere Gläser für kleine Portionen Gesichtscreme oder 10kg-Waschmittel-Vorratspackungen zu nennen. Eine pauschale Verkleinerung der Packungsmengen ist dabei nur eine suboptimale Lösung, da Vorratspackungen bei einem Teil der älteren Konsumenten Kaufbereitschaft bewirken. Aus Konsumenten- und Verbrauchersicht erscheint es daher ratsamer, größere Einheiten mit einzeln verpackten Untereinheiten anzubieten, die bei Bedarf frisch konsumiert werden können (Brünner 1997: 208).

6.2.4 Verpackungen als (Miss-) Erfolgsfaktor

Bei der Auseinandersetzung mit kundenfreundlicher Produktgestaltung stößt man unweigerlich auf die Verpackung der Produkte, die als größter Faktor für Unzufriedenheit der Verbraucher gilt (Meyer-Henschel 2004: 43). Dabei interessiert hier neben den vielseitigen Funktionen für die Logistik und die Präsentation vor allem der Zweck der Verwendungserleichterung. Des Weiteren fungieren die „Handhabungsschwierigkeiten" der älteren Menschen quasi als „Vergrößerungsglas" (Brünner 1997: 207) oder haben eine „Lupenfunktion" (Meyer-Henschel 2000 Consulting 2000:14), da sie nur verstärkt verdeutlichen, wo die Anwendungsprobleme aller Konsumenten liegen oder zukünftig liegen werden:

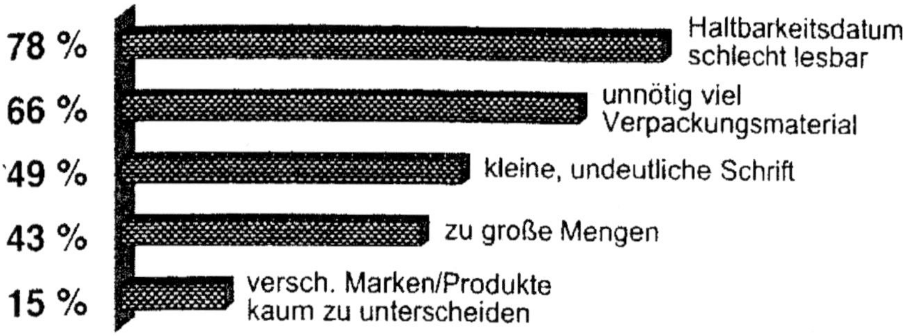

Abbildung 10: Kritik an Verpackungen, Quelle: Meyer-Henschel 2004: 43

Insgesamt äußern 90% der über 60-jährigen Befragten „Probleme beim Öffnen von Verpackungen" (Meyer-Henschel 2004: 43), wobei diese mit dem Gebrauch von (zweckentfremdeten) Hilfsmitteln beseitigt zu werden versuchen. Der Einsatz von scharfen Messern, spitzen Scheren oder heißem Wasser endet dabei nicht selten mit dem Besuch des Krankenhauses oder Arztes (vgl. Hölper 2002: 46).

Neben diesem Sicherheitsaspekt bestimmt die Verpackung über die Zufriedenheit oder Frustration, die sich bei der Verwendung des Produktes einstellt. Interessanterweise beklagen sich Frauen öfter über die Kraftanstrengung, die einige Öffnungsmechanismen erfordern, während Männer sich mit „diffizilen Öffnungsmechanismen [plagen], die Fingerfertigkeit und Geduld erfordern“ (Meyer-Henschel 2004: 44). Dabei sind die Hauptaspekte zur Verwendungserleichterung die „Dosierung“, die „Mehrfachnutzung“ oder auch die „Sichtbarkeit des Inhalts“ (Pepels 2001: 119). Besonders bei der Sichtbarmachung des Inhalts herrscht Optimierungsbedarf, da die „Kontrolle des Füllstands [...] meist über transparente Folien, Sichtfenster oder durchscheinendes Material erreicht [wird]“ (ebenda), wobei sich 27% der älteren Konsumenten am glänzenden Material der Verpackung stören (Krieb/Reidl 2003: 71). Weitere Optimierungsmaßnahmen böten bessere Perforierungen, aufgeraute oder genoppte Griffstellen zum Festhalten oder auch der Verkauf von Arzneimitteln in Döschen an stelle von schwer zu öffnenden Blistern.

Schließlich soll ergänzt werden, dass neben dem Öffnen die schwierige Unterscheidbarkeit der Produkte ein Problem für ältere Kunden darstellt. So ähnelt die Tages- der Nachtcremedose, die Haarspülung dem Shampoo, und der Diätjoghurt für den Diabetiker ist kaum von dem „normalen Joghurt“ zu unterscheiden. Da weiterhin „die Verpackung ein zentrales Mittel der Werbung [ist]“ (Koppelmann 1971: 217) und die Aufmachung die Kaufentscheidung prägt, ist die Investition in Verpackungsgestaltung auch aus unternehmerischer Sicht sinnvoll.

6.3 Anforderungen an die Verkaufsraumgestaltung

Übersichtlichkeit, „Seniorenkassen“, bequeme und kleinere Einkaufswagen, Ruhezonen oder ausreichende und gut erreichbare Kundentoiletten sind nur ein Auszug der Anforderungen, die an die Ladengestaltung im Lebensmitteleinzelhandel gestellt werden.

Denn auch heute noch werden Senioren auf „Trimm-dich- Kurs[e] entlang der Regale [geschickt]“ (Brünner 1997: 211), so dass 61% der älteren Verbraucher Einkaufen „als schikanösen Hindernislauf“ empfinden (ebenda). Obwohl „reifere Kunden [...] den Einkauf stärker unter funktionalen Aspekten [sehen]“ (Meyer-Henschel 2004: 50), führt auch der „Wandel vom Versorgungs- zum Erlebniskonsum“ (Opaschowski 1998: 27) zu weiteren Forderungen an ein Einkaufszentrum, das immer mehr zum „Erlebniszentum“ mutiert (ebenda) Dabei ist anzumerken, dass Erlebnisse für Senioren nicht mit den Attributen „höher, schneller und weiter“ konstruierbar sind, sondern auf den „drei G“ „Gemütlichkeit, Gepflegtheit und Gesundheit“ basieren (Hölper 2002: 81). So sollen im

Folgenden die Fragen beantwortet werden, wo Senioren am liebsten einkaufen und welches die zentralen Aspekte eines gelungenen Supermarktes sind.

6.3.1 Bevorzugte Einkaufsstätten

Wie bereits herausgearbeitet, ist Senioren eine freundliche, persönliche und kompetente Beratung sowie eine übersichtliche Warenpräsentation besonders wichtig. Daher überrascht es kaum, dass „Apotheken, Bäckereien [und Wochenmärkte – d. Verf.] zu den favorisierten Einkaufsstätten zählen" (Gaube 1995: 95f.). Hier wird im Gegensatz zu vielen anderen Handelsformen mit persönlicher Beratung gearbeitet, innerhalb derer Freundlichkeit leichter vermittelt werden kann (Meyer-Henschel 2004: 49). Eng mit dem persönlichen Beratungsgespräch verbunden ist der „sehr stark ausgeprägte Wunsch nach Sozialkontakten" mit dem Verkaufspersonal oder auch mit Bekannten und Nachbarn (Brünner 1997: 210), der an diesen vertrauten und kleineren Orten eher realisiert werden kann als in den großen Komplexen der Discount- und Selbstbedienungsmärkte. Schließlich ist die geringer werdende Mobilität ein Grund für die Bevorzugung des nahegelegenen Supermarktes anstelle der oftmals schlechter erreichbaren Einkaufsmeile der Innenstadt. Zudem zählen 66% der über 55-jährigen zu denjenigen Konsumenten, die am Prinzip des Versorgungskonsums festhalten und sich folglich auf den Einkauf von Lebensnotwendigem beschränken, während das restliche Drittel der Gleichaltrigen vorwiegend Erlebniskonsum betreibt (Opaschowski 1998: 30).

Des Weiteren richten sich die Angebote der großen Einkaufszentren überwiegend an die jüngeren Zielgruppen, so dass es gilt, „die wohnnahen Infrastrukturen innerhalb von Quartieren so zu stärken, dass ältere Bürger ihre Einkäufe zufriedenstellend dort erledigen können (Heinze/Helmer-Denzel/Wilde 2005: 37).

Um gleichzeitig die großen Konsumkomplexe für Ältere attraktiv zu machen, müssen diese mehr bieten als ein gutsortiertes Warenangebot. Verbindungen aus Geschäften und Gastronomie sowie Verkauf und Unterhaltung mit hohen Sicherheitskriterien, Komfort, gehobener Angebotsvielfalt und erstklassigen Serviceleistungen sind Charakteristika solcher neuzeitlichen Einkaufs- oder eben Erlebnisparadiese, die auch für Senioren reizvoll sein könnten.

6.3.2 Sicherheit und Bequemlichkeit

Diese Aspekte beruhen auf dem Wissen, dass mit den physischen Alterserschwernissen die „Unsicherheit und Angst vor Unfällen" zunimmt (Brünner 1997: 211) und die Ansprüche an Komfort im Alter größer werden. So stören beispielsweise ausreichende Sitzgelegenheiten im Supermarkt niemanden, bedeuten für den Älteren ein erhöhtes Sicherheitsempfinden, da er weiß, er könnte sich bei Bedarf setzen.

In den USA werden bereits elektronische Einkaufsroller angeboten (Hölper 2002: 92), und auch für den deutschen Markt gilt es nach einer Kombinationsmöglichkeit zwischen Einkaufswagen und Sitzgelegenheit zu suchen, die den Einkauf und das An-der-Kasse-Warten sicherer und bequemer macht. Auch rutschsichere und nicht blendende Böden sind solche sicherheitserhöhenden Maßnahmen. Da Stufen und Absätze nicht vollkommen gegen kundenfreundlichere Rampen ersetzt werden können, ist doch zumindest darauf zu achten, dass die Trittflächen deutlich markiert und räumlich gut wahrnehmbar sind (Hölper 2002: 84).

Ein weiterer Optimierungspunkt ist eine seniorenadäquate Lichtgestaltung, da diese Orientierung bietet und somit sicherheitsfördernd wirkt. Gleichzeitig wirkt optimale Beleuchtung als auch „Lenk-Hilfe und rückt die Ware ins rechte Licht" (Peterz 2003:3) Wie bereits im Zusammenhang mit der Automobilbranche dargestellt, haben Senioren beispielsweise Schwierigkeiten mit der Hell-Dunkel-Anpassung. Dieses wird beim Übergang von der Dunkelheit draußen in die künstliche Innenbeleuchtung des Kaufhauses zum Problem. Hier helfen Beleuchtungssysteme, die einen „fließenden Übergang" mit „Lichtgewöhnungszonen" schaffen (Hölper 2002: 84), wobei die Übergangspassagen von der Gastronomie sowie als Ruheinseln genutzt werden könnten. Dabei sollten blendende Lichtquellen, Fenster mit starkem Lichteinfall sowie glänzende oder gespiegelte Flächen vermieden werden (Peterz 2003:3). Im Zusammenhang mit fehlender Bequemlichkeit werden vor allem die Kassenbereiche bemängelt (Meyer-Henschel 2004: 49). Diese werden als zu eng und schlecht mit dem Einkaufs- oder Gehwagen passierbar empfunden, wobei auch automatische Drehtüren oder Drehkreuze bequemes und sicheres Durchgehen erschweren können. Auch der Einkaufswagen selbst ist aus der Sicht des älteren Verbrauchers verbesserungswürdig, da er oftmals als zu groß, zu sperrig und zu tief empfunden wird und die Ausstattung mit Bremsen, Sitzgelegenheit oder Ablagen für Taschen meistens nicht gegeben ist (vgl. Peterz 2003:4). Des Weiteren kann Bequemlichkeit geschaffen oder erhöht werden, wenn man die langsame Reaktionszeit einiger älterer Kunden an der Kasse in die Ladengestaltung aufnehmen würde. Schnelles Beladen des Fließbandes, fehlende Ablagemöglichkeiten für Taschen während des Bezahlvorgangs und rasches Einpacken der Einkäufe lassen die erwünschte Bequemlichkeit und benötigte Gemütlichkeit vermissen. Als Verbesserungsansatz ist z.B. eine „getarnte" Seniorenkasse mit breiterem Durchgang, langsamerem Fließband, größerem Kassendisplay und aufmerksamer Einpackhilfe zu erwägen.

6.3.3 Waren- und Angebotspräsentation

Im Hinblick auf seniorengerechte Positionierung der Waren im Einzelhandel spricht man von einer „zentrierten Waren- und Angebotspräsentation" und meint damit eine Anordnung von Produkten, die Bewegungen weitestgehend überflüssig macht, da der verminderte „Aktionsradius" Älterer in der Planung mitberücksichtigt wurde (Brünner 1997: 213). So kann der ältere Kunde durch eine „orientierungsfreundlichere Präsentation der Ware entlastet werden" (Schröder/Berghaus/Zimmermann 2005: 41), indem wichtige Produktinformationen bereits vom Regal aus gelesen werden können oder die Produktblöcke eher vertikal als horizontal angelegt werden, da „die Anzahl vertikal verlaufende Blickwechsel [...] deutlich höher [ist] als die Anzahl horizontaler Blickwechsel" (ebenda). Weiterhin beinhaltet die seniorengerechte Warenpräsentation Regale mit max. Griffhöhe von 1,50-1,60m (Meyer- Henschel 2004: 50) und angemessen hoch positionierte Deckenhänger wie Hinweisschilder für jeweilige Abteilungen (Brünner 1997: 214).

Zusätzliche Maßnahmen sind Lesehilfen, falls die Preisauszeichnungen auf den Produkten und Regalen aus technischen Gründen nicht von ausreichender Größe sind. Auch die Positionierung der Artikel an gleichbleibenden Standorten ist eine Maßnahme, um Desorientierung zu vermeiden.

Im Weiteren sollte darauf geachtet werden, dass schwere Waren wie z.B. Wasserkisten nicht zu hoch und weit von der Kasse platziert werden oder aktuelle Prospekte mit Sonderangeboten bereits vor dem Beginn des Einkaufs eine erste Orientierung geben. Ebenfalls unübersichtlich wirkt- nicht nur auf Ältere- eine „übergroße Warenfülle" (Hölper 2002: 87), zumal die minimalen Produktunterschiede bei sehr ähnlicher Verpackungsgestaltung oftmals nicht unterschieden werden können.

Eine Sortimentsreduzierung scheint im Zeitalter von Brand- Stretching (also der Übertragung eines etablierten Markenzeichens auf ein neues Produkt) und Konkurrenz durch

Handelsmarken (vgl. Köhler/Majer/Wiezorek 2001: 141) jedoch unwahrscheinlich, obwohl „eine hohe Variantenvielfalt selbst aus [...] Marketingsicht nicht uneingeschränkt empfohlen werden kann, sich eine hohe Komplexität [...] auch negativ auf typische Marketingziele auswirken kann" (Olbrich/Battenfeld 2005: 165).

6.4 Serviceleistungen

Weitreichender Optimierungsbedarf besteht ebenso im Bereich von Serviceleistungen, wobei diese in universell einsetzbare und branchentypische Zusatzangebote unterteilbar sind. Dass Service über ein kundenfreundliches Verkaufsgespräch hinausgeht, demonstrieren die vielfältigen Einsatzformen wie Informationsmaterial, Info-Hotline, Internetauftritte oder Seminare (Härtl-Kasulke 1998: 106). Dabei erhöhen solche Zusatzleistungen das Sicherheitsgefühl der Konsumenten, da sie ein „Interaktionsinteresse des Unternehmens auch nach dem Kaufvorgang signalisieren" (Grunder/Rutishauser 2005: 22). Gleichzeitig sind Serviceangebote für Unternehmen wichtig, da kostengünstig und effizient Schwachstellen und Verbesserungsbedarf aufzeigen.

Inhaltlich beinhalten Serviceleistungen eine Fülle von Maßnahmen:

- Kostenloser Taxiruf,
- Einpack- und Zustell-/ Lieferservice,
- Seniorenrabatte,
- Gepäckaufbewahrung und
- Kundendienst- und Garantieansprüche

(eigene Zusammenstellung nach Koppelmann 1987; Peterz 2003 und Meyer-Henschel 2004)

sowie

- Wiege- und Einpackhilfe am Obst-/Gemüsestand
- Ladeninterner Shuttleexpress zur Bushaltestelle/Wohnort
- Verleih von Brillen, Schirmen oder Regenhauben
- Probeverköstigungen (Kommunikation!)
- Blutdruckmess-Stationen
- Kundentoiletten

Weiterhin sollten Serviceangebote für Ältere nicht nur als punktuelle Maßnahmen angeboten werden, sondern durch eine möglichst hohe Verzahnung untereinander eine eigenständige Lebensführung ermöglichen. Beispielsweise würde der Einpackservice an der Kasse an einen Zustelldienst gekoppelt sein, der die Ware an den gewünschten Ort liefert. Auch der Kauf eines Internetanschlusses könnte ein „Servicepaket" beinhalten, das neben der fundierten Beratung auch die Installation, die erste Einführung in die Online-Welt sowie eine persönliche Servicenummer für Zwischenfälle enthält. Dabei geht es weniger um den objektiven Nutzen als um das subjektive Sicherheitsgefühl der Senioren, das mit solchen Maßnahmen gesteigert werden kann (vgl. Lewis 1997: 139-141). So gehört es zu den neusten Serviceleistungen der Tourismusbranche, die älteren Reiseteilnehmer mit einem Seniorenhandy auszustatten, das die Telefonnummer der Hausarztes gespeichert hat oder die Anwesenheit eines Arztes während der Reise anzubieten (vgl. Siegesmund 2005 d). Abschließend ist anzumerken, dass die oft als personal- und somit kostenintensiv kritisierten Serviceleistungen auf lange Sicht auch aus unternehmerischer Perspektive gewinnbringend sind, weil gerade den über 50-jährigen bei Kundenzufriedenheit Treue gegenüber Einkaufsstätten und Produkten nachgesagt wird, die durch „Wiederkaufverhalten" zum Ausdruck kommt (Kroeber-Riel 2003: 405).

6.5 Wandel des öffentlichen Bewusstseins

Obwohl „die Wahrnehmung des Alters heute sehr viel stärker durch Differenziertheit und Optimismus geprägt ist" (Kruse/Schmitt 2005: 16), ist ein fundamentales Umdenken notwendig, um das gesellschaftliche Altersbild an die neue Realität anzupassen. Zum Aufbau eines neuen Verständnisses vom Alter ist es zunächst notwendig, Altern nicht länger als einen linearen biologischen Verfallsprozess zu begreifen, sondern als „eine komplexe Erscheinung mit kulturellen, biologischen und individuellen Aspekten, deren Gestalt und Bedeutung sich im jeweiligen Umfeld einer Gesellschaft und ihrer Zeit äußert" (Druyen 2005: 21). Immer noch sind Altersstereotype vorwiegend negativ besetzt, wobei selbst die älteren Personen „alt" mit negativ" assoziieren (Filipp/Mayer 2005: 25f.). Dabei ist ein Zusammenspiel von Wirtschaft, Politik und Werbeindustrie notwendig, um dieser Entwicklung flächendeckend entgegenzusteuern.

6.5.1 Politik

Politische Maßnahmen sind eine Möglichkeit, das gesellschaftliche Bewusstsein zugunsten einer seniorenfreundlichen Gesellschaft zu lenken. So markiert der 5. Altenbericht des Bundesministeriums für Familie, Senioren Frauen und Jugend eine solche Akzentverschiebung, da im Gegensatz zu den Vorgängerberichten der letzten 15 Jahre erstmals die „Potentiale des Alters in Wirtschaft und Gesellschaft" thematisiert werden (Bundesministerium für Familie, Senioren, Frauen und Jugend 2005: 2). Dabei orientiert sich die Sachverständigenkommission an den fünf idealisierten „Leitbildern" Mitverantwortung, Alter als Motor für Innovation, Nachhaltigkeit und Generationensolidarität, Lebenslanges Lernen und Prävention, auf denen die Handlungsempfehlungen zur Förderung und Nutzung der Potenziale Älterer basieren. Eine weitere Möglichkeit, die Interessen der Zielgruppe ins Zentrum zu rücken und ihre Möglichkeit zur politischen Partizipation zu steigern, wäre die Gründung einer „Seniorenparty". Erste Ansätze sind das Bundesprogramm „Perspektive 50plus", das sich für eine Verbesserung der Beschäftigungschancen älterer Arbeitnehmer einsetzt (Bundesregierung für Arbeit und Soziales 2005: 1) oder das Modellprojekt „Selbstorganisation älterer Menschen", das die Möglichkeiten von Bürgerengagement untersucht (Bundesministerium für Familie, Senioren, Frauen und Jugend 2005:1).

6.5.2 Werbung

Als weiterer Multiplikator von Altersbildern wird die Werbeindustrie betrachtet, da sie gleichzeitig große Massen erreicht und in mannigfaltigen Formen auftritt, die unbewusst auf den Konsumenten einwirken (vgl. Kroeber-Riel 2003: 555). Dabei existiert eine Vielzahl von altersrelevanten Werbearten, wobei besonders die „alterspräferentielle Werbung" sowie Werbung, die das Alter als Imagefaktor einsetzt (Jäckel 2004: 35), als geeignet erscheinen, um ein positives Altenbild zu transportieren. Die alterspräferenzielle Form verwendet die „Wehrhaftigkeit des Alters als Kategorie" und vermittelt diese in Form von positiven Stereotypen (ebenda). Besonders Banken und Versicherungen bedienen sich dieser Form, wenn sie ihre 50plus-optimierten Dienstleistungspakete anbieten. Bei der alterskontrastiven Werbung hingegen „vermischt sich der Aufbau von Erfahrungswerten und neuen Schönheitsidealen" (ebenda), wie die aktuelle Fernseh-Werbung des Brillenherstellers Fielmann veranschaulicht. Auf die Frage seines Freundes, was er anders machen würde, wenn er noch einmal leben könnte, antwortet der ältere Herr selbstzufrieden, er würde seine Brille von Anfang an bei Fielmann kaufen.

6.6. Maßnahmen im Ausland

Vergleicht man den Stand des deutschen Seniorenmarketings mit Ländern, die ähnlichen demographischen Herausforderungen gegenüberstehen, gelangt man zum Entschluss, dass besonders Japan und die USA eine Vorreiterrolle bei der Entwicklung und Distribution von seniorentauglichen Produkten haben. Dies ist nicht weiter verwunderlich, wenn man bedenkt, dass die Absatzmärkte und Kaufpotenziale der Zielgruppe 50plus entsprechend der höheren Gesamtbevölkerungszahlen größer sind als in Deutschland und die technische Innovationsfreude dieser Länder allgemein bekannt ist.

Folglich ist besonders der Markt für die so genannte Gerontotechnologie vergleichsweise weit ausgebaut und könnte Deutschland als Impulsgeber für weitere Entwicklungen in der Sparte der Unterstützungs-Technologien dienen. So befindet sich auf dem japanischen Markt beispielsweise ein „Sturzwarnsystem fürs Badezimmer“, das mit Bildsensoren, die an die Badezimmerdecke angebracht werden, die Bewegungen im Bad überprüft. Das Überwachungssystem ist an die Warmwasserversorgung angebracht und sendet Alarmzeichen, sobald ein Bad eingelassen ist und über einen bestimmten Zeitraum keine Aktivität festgestellt wird (Gloger 2002:5). Eine weitere Innovation auf den japanischen Markt ist ein Pulsmesser mit Fernüberwachung, der aus einem Sensor sowie einer Anzeigeeinheit besteht, die den aktuellen Puls empfängt, anzeigt und somit den Puls eines Pflegebedürftigen selbst auf größere Entfernungen kontrollieren kann (ebenda). Obwohl sich die Liste der Innovationen weiterführen ließe, soll es bei diesem gedanklichen Anstoß belassen werden, da seniorengerechte Produkte immer an den konkreten Abnehmer adressiert werden sollten und die kulturellen Unterschiede bezüglich der Präferenzen und Anforderungen eine direkte Übertragung auf den heimischen Markt nicht sinnvoll erscheinen lassen. Schließlich veranschaulichen die Produkte wie die bereits erwähnte Puppe als Enkelersatz, dass es letztlich um die Befriedigung tiefster menschlicher Bedürfnisse geht, die mit technischem Fortschritt allein nicht gestillt werden können.

5.7 Fazit: Ansätze zur Optimierung des Seniorenmarketings

Wie bereits im Kapitel über die einzelnen Seniorenmärkte herausgearbeitet wurde, haben alle Branchen ihre spezifischen Defizite, doch gibt es auch Optimierungsmaßnahmen, die sich auf alle Märkte anwenden lassen. So sind das sensibel zu führende Kundengespräch oder die sich an Altersbeeinträchtigungen orientierende Produkt- oder Ladengestaltung universelle Verbesserungsmaßnahmen, die die Attraktivität aller Seniorenbranchen erhöhen können. Des Weiteren gilt es, die Bedürfnisse der Zielgruppe 50plus direkt durch unmittelbaren Dialog oder über die Meinungsforschung zu erfahren. Eine stärkere Einbindung der Zielgruppe selbst scheint daher sinnvoll und erforderlich. Auch sollte die Planung langfristig angelegt sein, da einige Optimierungsprozesse zeitaufwändig sind und bei Produktfertigstellung immer noch den Bedürfnissen der Zielgruppe genügen müssen. An dieser Stelle ist zu bedenken, dass trotz zunehmenden technischen Fortschritts der alternde Mensch im Zentrum der Entwicklung stehen sollte und nicht das technisch Realisierbare.

7 Schlussbetrachtung

Die fünf Fragen, die in der Einleitung dieser Arbeit gestellt wurden, sind jeweils im Fazit am Ende des entsprechenden Kapitels beantwortet worden, so dass ihre Wiederholung nicht ertragreich erscheint. Vielmehr sollen in der Schlussbetrachtung die wesentlichen Ergebnisse der Arbeit in kurzen Resümees zusammengetragen werden, die es im Zusammenhang mit der Zielgruppe 50plus und der Optimierung von Seniorenmärkten zu wissen lohnt.

- Ein außerordentlich wichtiger Befund, der die gesamte Arbeit durchzieht, ist die immense *Heterogenität der Zielgruppe 50plus.* Im Verlauf der Untersuchung wurde deutlich, dass dieser umfassende Deckbegriff ein Konglomerat von diversen Unterzielgruppen darstellt. Um strategische Marketingplanung darauf ausrichten zu können, muss diese Massenzielgruppe durch weitere Forschungsarbeit in soziokulturelle Milieus ausdifferenziert werden. Ferner wird das Seniorenmarketing nicht von der Frage bestimmt, wie alt man wird, sondern wie man alt wird.
- Trotz starker Individualisierungstendenzen, die zunehmend die Ausgestaltung der Seniorenmärkte beeinflussen, gibt es *gemeinsame Eigenschaften und Merkmale*, die auf die Mehrheit der Verbrauchergruppe zutreffen. So ist der Transformationsprozess vom Arbeitsleben zum Ruhestand für die allermeisten Senioren ein prägendes Ereignis. Gleichzeitig ist das Freizeit- und Konsumverhalten aller Senioren stark von Sozialisationserfahrungen und Gewohnheiten bestimmt.
- Weiterhin markieren die heutigen Seniorengenerationen eine *Umbruchphase* zwischen der Kriegsgeneration und 1968er-Bewegung, da sie nicht mehr den klassischen Charakteristika des Alters entsprechen aber auch noch keinen absolut neuen Generations-Typus verkörpern. Dabei wendet sich der Diskurs in Wissenschaft, Politik und Wirtschaft immer stärker den Chancen und Potentialen der Zielgruppe zu, während in der öffentlichen Wahrnehmung weiterhin eine negative Konnotation zum Alter vorherrscht, wobei auch diese aufzubrechen beginnt.
- Die Zielgruppe 50plus hat eine *„Lupenfunktion“*, weil sie Kritikpunkte und Konsumentenwünsche wie durch ein Vergrößerungsglas zum Ausdruck bringt, die auch von jüngeren Generationen bestätigt werden. Eine Auseinandersetzung mit den spezifischen Belangen Älterer dient somit der Gesamtgesellschaft.

- Zu den schwerwiegendsten *körperlichen Veränderungen* ab dem 50. Lebensjahr gehören vor allem eine reduzierte Sinneswahrnehmung und Bewegungsfähigkeit, während *psychische Umstellungen* erst im höheren Alter ansetzen und überwiegend die Reaktionsfähigkeit und Konzentration betreffen. Vor dem Hintergrund der ansteigenden Lebenserwartung ist auch die Ungleichzeitigkeit problematisch, da das physische und psychische sowie das reale und subjektiv wahrgenommene Alter mit zunehmendem Alter auseinanderdriften.

- Besonders das *Konsumverhalten* Älterer wird oftmals in eigenständiger Marketingforschung der Unternehmen und Interessenverbände mit spezifischen Erkenntnisinteressen erforscht, doch fehlt es an weitreichender unabhängiger Grundlagenforschung zum Konsumentenverhalten Älterer sowie an interdisziplinärer Zusammenarbeit von Wirtschaft und Soziologie. Darüber hinaus münden theoretische Erkenntnisse der Alterssoziologie nicht immer in eine praktische Anwendung im Seniorenmarketing.

Innerhalb dieser Arbeit wurden sechs ausgesuchte Seniorenmärkte auf ihre gegenwärtige Ausgestaltung und Defizite untersucht. Diese Untersuchungen führten im Einzelnen zu folgenden Ergebnissen:

- *Senioren und Gesundheit* bildet ein kongeniales Paar mit vielseitigen Potenzialfeldern, wobei der Gesundheitsmarkt an sich sehr umfangreich ist, da er zunehmend Präventionsleistungen beinhaltet. Zusätzlich kann die Medizin mit vielen anderen Branchen kooperieren und bedürfnisorientierte und profitable Verbindungen eingehen.

- Die Verknüpfung von *Senioren und Kosmetik* ist aufgrund niedriger Interessenstreuung noch relativ rückständig und defizitär, wobei in dieser Branche der Werbung eine besondere „Mitschuld“ zukommt.

  Sie macht von ihrer Multiplikatorfunktion nur sehr verhalten Gebrauch, um ein positives Seniorenbild in den Medien zu verbreiten.

- Innerhalb des Bereichs *Senioren und Wohnen* hingegen gibt es vergleichsweise viele Nahtstellen zwischen einzelnen Projekten, Maßnahmen und Bauherren, wobei die „barrierefreie Wohnraumgestaltung“ den Diskurs dominiert. Weiterhin zeigt sich durch die nahezu unendliche (theoretische) Vielfalt an Wohnvarianten besonders stark, dass sich die Ausgestaltung der Produkte sowie der wohnergänzenden Dienste letztlich immer am Individuum und nicht an einer Zielgruppe orientieren muss.

- *Das* Themengebiet *Senioren und Automobile* wird größtenteils unter dem Aspekt der Mobilität betrachtet. Dabei gilt als wesentliche Erkenntnis, dass nahezu für jedes Hemmnis im Alter eine entsprechende Gegenmaßnahme getroffen werden kann, wobei professionelles Seniorenmarketing neben Geld auch Zeit und Kreativität erfordert.
- Die Verbindung von *Senioren und Reisen* ist insofern interessant, als dass diese Branche im Zeitalter von Globalisierung, 99-Cent-Flügen und individuellen Reisepräferenzen Älterer neuen Herausforderungen ausgesetzt ist. Zudem verbildlicht dieser Markt am deutlichsten, dass das Alter neben den vielfach diskutierten Nachteilen auch seine Stärken hat, deren Nutzen letztlich im persönlichen Ermessen des Einzelnen liegt
- Im Zusammenhang von *Senioren und Technik* wurde offensichtlich, dass Lernen (hier Internet-Kurse) im Alter andere Anforderungen an den Unterricht stellt. So sind Wiederholungen und Übungen wesentliche Bestandteile von Senioren-Internet-Kursen, die neben der Datenaufnahme auch eine wichtige soziale Funktion haben.
- Weitere Recherchen ergaben, dass *Technisierung, Globalisierung und Heterogenisierung* der Produkte trotz Gegentendenzen immer stärkeren Einzug ins Seniorenmarketing hält und die Bedürfnisse des Konsumenten nicht immer deckungsgleich mit dem Technisch machbaren sind.

8 Ausblick: Was bringt die Zukunft?

Wie sich die Seniorenmärkte von Morgen entwickeln könnten, soll folgender Ausblick darstellen, wobei bedacht werden muss, dass „Prognosen immer problematisch sind, wenn sie sich auf die Zukunft beziehen“ (G.B. Shaw). Dennoch gelten kurz- oder mittelfristige Vorausberechnungen als relativ genau, da „nach 10 Prognosejahren noch immer 90% der Ausgangsbevölkerung Teil der vorausberechneten Bevölkerung“ sind (Statistisches Bundesamt 2005). So dienen weitreichend bekannte und unumstößliche demographische Entwicklungen wie die sinkende Geburtenhäufigkeit oder der weitere Anstieg der Lebenserwartung als Basis für weiterführende Prognoseansätze, die die Zukunft der Seniorenmärkte betreffen. Demnach steht der „eigentliche Altersschub“ noch bevor (Miegel 2002), während Populärjournalisten wie Schirrmacher sogar einen Schritt weiter gehen und von einem „Krieg der Generationen“, oder gar einer „geistigen Krise von ungeahnter Dimension“ (Schirrmacher 2004) sprechen.

Daraus wird vielerorts pauschal abgeleitet, dass „die Potenziale des Wachstumsmarktes ‚Seniorenwirtschaft‘ [...] unbestritten [sind]“ (Heinze/Helmer-Denzel/Wilde 2005: 35), wobei aktuellste Prognosen besagen, dass die „Konsumausgaben [...] zwischen 2002 und 2010 besonders stark im Gesundheitsmarkt (+25%) und in der „Tourismusbranche (+18,5%) wachsen werden (Heinze/Helmer-Denzel/Wilde 2005: 34). Kontrovers diskutiert wird der damit einhergehende Gesellschaftswandel. Während Opaschowski eine „grundlegende Änderung in der Bedürfnis- und Kaufstruktur“ prognostiziert (Opaschowski 1998: 30), betonen andere, dass es ausreicht, „nur weniges ganz anders, aber vieles einfach ein bisschen besser zu machen“ (Brünner 1997: 227).

Konsens besteht darüber, dass Aspekte wie Gesundheit, Sicherheit, Mobilität und Partizipation die Seniorenmärkte der Zukunft dominieren werden und Überlegungen zur Selbstständigkeitssicherung, Kompetenzerhaltung und -Steigerung in alle Bereiche einfließen werden.

Da *Gesundheit* im Alter eine wesentliche Voraussetzung für die Teilnahme an allen Seniorenmärkten ist und Menschen durch die längere Lebenserwartung auch länger krank sein können, muss mit einem „Anstieg des pflegerischen und medizinischen Bedarfs“ gerechnet werden (Opaschowski 2005: 65). Für die personelle Ausstattung böte sich als Pendant zur Kinderkrankenschwester eine „Geriatrie-Schwester“ an.

Weiterhin können „Hersteller von Unterstützungstechnologien wie etwa Hör-, Seh- und Mobilitätshilfen davon ausgehen, dass die Nachfrage nach diesen Produkten steigt (Gloger 2002:8), wobei die Preisregulierung der staatlichen Gesundheitssysteme den tatsächlichen Absatz beeinflussen wird. Ferner werden besonders im Gesundheitssektor „Netzwerke zu anderen Branchen" an Bedeutung zunehmen (Heinze/ Helmer- Denzel/ Wilde 2005: 24), weil Gesundheit mit vielen anderen Feldern verwoben werden kann. So wird im Pharmabereich besonders das Geschäft mit Nahrungsergänzungen, Vitaminen und Mineralien ansteigen, die in Form von „Functional-" oder „Health-Food" noch stärker an die Lebensmittelbranche gekoppelt sein werden (vgl. (Gloger 2002:8). Eine stärkere Etablierung der so genannten „Wellness"- Sportarten sind weitere theoretischen Ableitungen. Weitere stark wachsende Nachfragemärkte mit gesundheitsvorsorglichem Hintergrund sind die Bereiche Biotech, Therapie und Ratgeber oder integrierte Medizin. Die Zukunftseuphorie muss allerdings alleine durch das Faktum relativiert werden, dass gesundheitsorientierte Lebensförderung erfahrungsgemäß weiterhin einkommensabhängig bleibt (Heinze/Helmer-Denzel/Wilde 2005: 24). Dieser Aspekt gepaart mit den demographischen Verschiebungen bewirkt weiterhin, dass die Gesundheitsreformpolitik gezwungen sein wird, durch rechtliche Veränderungen politische Strukturen zu ändern (Gerling/Naegele/Scharfenorth 2004: 310).

Die Entwicklung im *Kosmetikmarkt* ist vor dem Hintergrund des Wertewandels sowie der Abnahme des Frauenüberschusses besonders interessant, da sich damit theoretisch langfristig neue Handlungsfelder in der Männerkosmetik erschließen. Weil tief verwurzelte Einstellungen jedoch über Generationen weitertradiert werden, wird diese Frauendomäne auch in nächster Zukunft nur randständig „maskulinisiert" werden. Zieht man zudem in Betracht, dass für die ältere Konsumentin der Preis eine untergeordnete Rolle spielt, wenn das Produkt durch Qualität überzeugt, prognostiziert man dem Senioren-Kosmetikmarkt eher einen Ausbau des Premium-Marken-Sektors als dem Bereich der Handelsmarken (vgl. Kroeber-Riel 2003: 387). Gleichzeitig müsste sich das zunehmende ökologische Denken theoretisch auf die Produktions- und Verpackungsprozesse in der Kosmetikbranche auswirken, zumal der Verzicht auf funktionslose und aufwändige Umverpackungen im Kosmetiksektor gleichzeitig eine seniorengerechtere Handhabung ermöglichte.

Im Bereich *Wohnen* geht ein Trend zu „wohnergänzenden Diensten" (Heinze/Helmer-Denzel/Wilde 2005: 31), wobei Komfort- und Sicherheitsaspekte als Dimensionen in der Strukturplanung an Bedeutung zunehmen werden. Nimmt man als Planungsgrundlage die Wohnlage der heutigen Älteren, kann man davon ausgehen, dass eine „zentrale Zukunftsaufgabe [...] die Vernetzung zwischen den Kleinhaushaltungen" sein wird (Höpflinger 2004: 124), wobei auch die Bedeutung von Netzwerkbeziehungen weiter steigen wird (Weeber/Hörmle 1998: 69f.). Uneinigkeit herrscht dabei über den zukünftigen Selbstorganisationsgrad dieser Wohnformen (vgl. Helbig 2004 und Borchers 1997). So existieren auch Visionen von „Mini-Pflegeheim" oder „Mini-Rehabilitationskrankenhaus", die mit kompakten Pflege und Versorgungsstationen die Versorgung der Älteren sichern. Weiterhin wird eine fortschreitende „Technisierung des Haushaltes" prognostiziert, wobei diese den „technisch Gebildeten" vorbehalten bleibt (Gerling/Naegele/Scharfenorth 2004: 305). Rekurrierend auf den Werbeslogan des Möbelgiganten IKEA müssen zukünftig neben den wachsenden versorgungstechnischen und sozialen Aspekten des Wohnens verstärkt individuelle Wohnansprüche umgesetzt werden, so dass die klassischen einfachen und kleinen Alterswohnungen in der Wohnblocksiedlung zum Auslaufmodell werden (Höpflinger 2004: 124).

Betrachtet man die Prognosen für den *Automobilmarkt*, so basieren sie meist auf der Annahme, dass immer mehr (besonders weibliche) Ältere zu den aktiven Autofahrern zählen werden (Gerling/Naegele/Scharfenorth 2004: 306). Zum höchsten Prinzip für den Fahrzeugmarkt zählt dabei die Verkehrssicherheit beim Unfallgeschehen, wobei verstärkt auch Verkehrsunterricht für Ältere oder regelmäßige Fahrleistungsüberprüfung denkbar werden. Auch die Verbindung „Medikamente und Autoverkehr" wird zum wichtigen Aspekt der Zukunft und der Verkehrsaufklärung. Weiterhin ist davon auszugehen, dass das Auto als Fortbewegungsmittel nicht an Attraktivität verlieren wird, so lang die Benutzung von öffentlichen Verkehrsmitteln nicht an die Ansprüche der Älteren angepasst wird (Gerling/Naegele/Scharfenorth 2004: 306). Damit sind die Verantwortlichen für die öffentliche Verkehrsplanung besonders zu einer stärkeren Vernetzung der Angebote untereinander angehalten, wobei Seniorenrabatte im öffentlichen Nahverkehr eine weitere Maßnahme zur Attraktivitätssteigerung sein können.

Der Trend im zukünftigen *Reisemarkt* für Senioren heißt laut des weltweit größten Reiseanbieters TUI „Spezialreisen mit Sonderleistungen" (Krieb/Reidl 2001: 159ff), die eine moderne Variante von Seniorenbetreuung darstellen. Opaschowski sieht die Zukunft der Tourismusbranche in „gehobenen Qualitätsreisen" (Opaschowski 2000: 36f.) und verweist auf die steigende Bedeutung von Service-Leistungen „rund um die Uhr" (ebenda). Dabei wird die Vernetzung von Tourismus mit gesundheitsbezogenen Dienstleistungen weiter ausgebaut, so dass „Health-Care, Anti Aging, Wellness- und

Beautyurlaub" zu wichtigen Marktsegmenten werden (Heinze/Helmer-Denzel/Wilde 2005: 24). Aber auch Reiseangebote im Niedrigpreissektor werden im Zeitalter der Globalisierung mit räumlich getrennten Familien (und Enkeln!) an Bedeutung zunehmen. Schließlich ist diese Zukunftseuphorie mit der soziologischen Erkenntnis einzuschränken, dass sich das Reiseverhalten im Alter stark nach den bisherigen Verhaltensweisen richtet. Die Vergleichbarkeit von Tourismusangeboten durch hohe Reiseerfahrung, körperliche Veränderungen und steigende Kenntnisse der englischen Sprache erhöhen lediglich die Anspruchshaltung und das Qualitätsbewusstsein im Alter.

Die umfassendsten Entwicklungen werden allerdings für den *Technik- und Medien-*Bereich erwartet. Schlagworte sind hier „Technisierung des Alltags" oder das „Intelligente Wohnen". Dabei soll „die Vernetzung und Steuerung von technischen Geräten und Systemen" (Heinze/ Helmer-Denzel/Wilde 2005: 18) „neue Verbindungen zwischen Wohnen und Mobilität" geschaffen werden, so dass „‚Drinnen' und ‚Draußen' enger zusammenwachsen" (Gerling/Naegele/Scharfenorth 2004: 306). Der weitere Anstieg von Wohn- und Mobilitätserfahrungen, Kompetenzen und Erwartungen bewirkt, dass vernetzte Haushaltstechnik für die nachrückenden Altengenerationen zukünftig fast schon selbstverständlich wird (ebenda). Eine Sonderbedeutung kommt dabei dem Internet zu, da „[sich] die gewachsene Begeisterung der ‚Silver Surfer' [...] weiter entwickeln wird" (Heinze/Helmer-Denzel/Wilde 2005: 19).

Da Medienkompetenz die notwendige Zugangsvoraussetzung ist, müssen für die „Übergangsgeneration" die Kursangebote zur Kompetenzentwicklung außerhalb des Erwerbslebens ausgebaut werden. In diesem Zusammenhang muss die Zukunftseuphorie ein wenig eingedämmt werden, da gleichzeitig angenommen wird, dass „ein beträchtlicher Teil alter und alternder Männer und Frauen auch in Zukunft keinen Zugang zu dieser Möglichkeit des Erwerbs von Fähigkeiten haben wird" (Gerling/Naegele/Scharfenorth 2004: 307).

Für alle Seniorenmärkte wird in Zukunft noch stärker gelten, dass die Grenzen zwischen den einzelnen Branchen fließender werden und das Internet als „Vertriebskanal" die „Globalität der [Senioren – d. Verf.] Märkte" weiterhin verschärfen wird (Köhler/Majer/Wiezorek 2001: 25). Dabei wird es aufgrund der Heterogenität im Seniorenmarkt zukünftig unabdingbar sein, verschiedene Strategien für die Marktbearbeitung anzuwenden (Grunder/Rutishauser 2005: 40). Für eine weitere Auseinandersetzung mit den Seniorenmärkten wäre eine stärkere Vernetzung von Soziologie mit dem Marketing sinnvoll, weil Interdisziplinarität eine ganzheitliche Ausgestaltung des Seniorenmarketings begünstigt.

Da es bisher kaum gesicherte Ergebnisse zur Implementierung des Seniorenmarketings in der deutschen Unternehmenspraxis gibt, sind weitere Forschungsarbeiten in dieser Richtung wünschenswert. Angesichts der zunehmenden Bedeutung von (neuen) Altersbildern im aktuellen Altersdiskurs erscheint vor allem die Frage interessant, wie erfahrene Konsumenten im Alter aktiviert und an unternehmerischen Forschungs- und Entwicklungsprozessen beteiligt werden können. Dieser Forschungsthematik werde ich mich im Rahmen meines geplanten Dissertationsvorhabens widmen.

9 Quellenverzeichnis

ADAC Pressestelle-online (2005): Senioren fit am Steuer, www.reifemaerkte.de/artikel.php?cat_id=01&id=183, Aufruf am 22.11.2006

Aid Infodienst Verbraucherschutz (2002): Ernährung im hohen Alter, Köln o.J.

Alno-online (2005): Küchenmodelle für 50plus, www.Alno.de, Aufruf am 18.10.2005

Baumann, Ernst J. (1990): Produkte für Senioren – aber keine Seniorenprodukte, in: Absatzwirtschaft, Heft 1, 1990, S. 36- 42

BBDO-online (2005): Perfect Ager 2010 – Senioren am PoS, www.bbdo.de/de/home/news/2005/perfect_ager_2010.html, Aufruf am 10.10.2006

Becker, Walter (1998): Konsum- und Freizeitverhalten im Alter, Aachen 1998

Behrens, Gerold (1991): Konsumentenverhalten, Heidelberg 1991

Berger, Doris (2005): Der Einfluss von Lebensstilen auf das Kaufentscheidungsverhalten von Konsumenten- Ergebnisse einer empirischen Studie, in: Der Markt – Zeitschrift für Absatzwirtschaft und Marketing, 44. Jahrgang 2005, S. 118- 126

BKK24-online (2005): Die Fachabteilungen ihrer BKK24 im Internet, www.bkk24.de/navigation/framesets/kontakt_abteilungen.htm, Aufruf am 30.9.2005

Borchers, Andreas (1998): Soziale Netzwerke älterer Menschen, in: Deutsches Zentrum für Altersfragen (Hg.): Wohnbedürfnisse, Zeitverwendung und soziale Netzwerke älterer Menschen, Frankfurt/Main 1998

Braun, Gerhard (1989): Das Alter hat Zukunft – Neue Wege der Seniorenpolitik, Stuttgart 1989

Brunswig, Susanne (2005): Best Ager unter Palmen, in: Euroforum (Hg.): Zukunftsmarkt 50plus, Düsseldorf 2005

Brünner, Björn O. (1997): Die Zielgruppe Senioren, Frankfurt/Main 1997

Brech, Joachim (2004): Wir werden immer älter – Sind die richtigen Fragen schon gestellt?, in: Der Architekt, Bd. 2, 2004, S. 100-103

Bundesministerium für Arbeit und Soziales (2005): Bundesprogramm „Perspektive 50plus" – Beschäftigungspakte für Ältere in den Regionen, Berlin 2005

Bundesministerium für Familie, Senioren, Frauen und Jugend (2005): Was ältere Menschen mit bürgerlichem Engagement selbst regeln können, http://www.bmfsfj.de/Kategorien/Presse/pressemitteilungen,did=67546.html, Aufruf am 12.12.2005

Bundesministerium für Familie, Senioren, Frauen und Jugend (2005): Fünfter Altenbericht – Potenziale des Alters in Wirtschaft und Gesellschaft, Berlin 2005

Bundesministerium für Jugend, Familie, Frauen und Gesundheit (1986): Vierter Familienbericht – Die Situation der älteren Menschen in der Familie, Bonn 1986

Bundesministerium für Raumordnung, Bauwesen und Städtebau (2004): Neue Wohnung auch im Alter: Folgerungen aus dem demographischen Wandel für Wohnungspolitik, Berlin 2004

De Fries, Holger (2005): („AWO KV Oldenburg e.V. Seniorenbüro" – Dozent der Internetkurse), Interview zur Internetnutzung Älterer, 2.12. 2005

Dpa Presseagentur (2005): Optimistische Senioren bleiben länger fit www.reifemaerkte.de /print.php?id=61, Aufruf am 22.1.2005

Dürscheid, Heinrich (1984): Zwischen Grauen Panthern und Ballsaal, München 1984

Druyen, Thomas (2005): Die große Alterswende, in: Aus Politik und Zeitgeschehen, 49-50, Bonn 2005, S.17-25

Engstler, Heribert/Menning, Sonja/Hoffmann, Elke/Tesch-Römer, Clemens (Hg.) (2005): Die Zeitverwendung älterer Menschen, in: Statistisches Bundesamt (Hg.): Forum der Bundesstatistik, Bd. 43, Wiesbaden 2005

Engstler, Heribert/Menning, Sonja/Hoffmann, Elke/Tesch-Römer, Clemens (2004): Die Zeitverwendung älterer Menschen, in: Statistisches Bundesamt (Hg.): Alltag in Deutschland, Wiesbaden 2004

Erichsen, Jens (2005): Vertrauen durch Leistung- Erfolgsfaktoren differenzierter Zielgruppenansprache, in: Euroforum (Hg.): Zukunftsmarkt 50plus, Düsseldorf 2005

FAZ (2005): Unter der Decke schlummert der Nutzen, 10.11.2005

FAZ (2005): Männer holen bei der Lebenserwartung auf, 2.9.2005

FAZ (2005): Licht, 3.11.2005

Feierabend-online (2005): Webtreff für die besten Jahre, www.feierabend.de, Aufruf am 8.12. 2005

Filipp, Sigrun-Heide (1999): Lebenserfahrung und Lebenssinn. Biografische Aspekte des Alterns, in: Niederfranke, Anette/Naegele, Gerhard/Frahm, Eckart (Hg.):Funkkolleg Altern 1, Wiesbaden 1999

Filipp, Sigrun-Heide/Mayer, Anne-Kathrin (2005): Zur Bedeutung von Altersstereotypen, in: Aus Politik und Zeitgeschehen, 49-50/ Bonn 2005, S.25-31

Fischer, Ingrid (1991): Psychologische Alterstheorien, in: Oswald, W.D. u. a. (Hrsg.), Gerontologie, 2. Aufl., Stuttgart u.a. 1991, S. 425- 430

Gerling,Vera/Naegele,Gerhard/Scharfenorth,Karin (2004): Der private Konsum älterer Menschen, in: Gesellschaft für Sozialen Fortschritt e.V. (Hg.): Sozialer Fortschritt, Heft 11-12, Jahrgang 53, Bonn 2004, S. 292-312

Gerok, Wolfgang/Brandstätter, Jochen (1992): Normales, krankhaftes und optimales Altern: Variations- und Modifikationsspielräume, in: Zukunft des Alterns und gesellschaftliche Entwicklung, Berlin/ New York 1992, S. 356- 385

Gersch, Martin (2004): Versandapotheken in Deutschland – Die Geburt einer neuen Dienstleistung, in: Marketing – Zeitschrift für Forschung und Praxis, 26 Jg. 2004, S.59-70

GfK Nürnberg (1992): Die Neuen Alten- Schlagwort der Medien oder marketingrelevante Zielgruppe? Bericht der GfK- Tagung vom 10. Juli in der Meistersingerhalle, Nürnberg 1992

GGT Deutsche Gesellschaft für Gerontotechnik (2005): Informations- und Beratungsforum für benutzerfreundliche Produkte, www.gerontotechnik.de/ ratgeber/endkunden/ hilfe-zurkoerperpflege/produktaten.html, Aufruf am 20.11.2005

Gloger, Axel (2002): Trendletter – Spezialausgabe : Zukunft der Alternden Gesellschaft http://www.trendletter.de/tdl_static/about.html, Aufruf am 20.12.2005

Graf, Bettina (2002): Reisen und seelische Gesundheit, Diss., Berlin 2002

Grohmann, Heinz (2004): Alterssicherung im Wechsel der Generationen, in: Birg, Herwig (Hg.): Auswirkungen der demographischen Alterung und der Bevölkerungsschrumpfung, Münster 2004

Grunder, Rebecca/Rutishauser, Franziska (2004): Seniorenmarketing, Bern 2004

Grupe, Ommo (2003): Über den gewandelten Sinn des Sports und neue Aufgaben in der Sportmedizin, S.6-11, in: Deutsche Gesellschaft für Sportmedizin und Prävention (Deutscher Sportärztebund) e.V. (Hg.): Deutsche Zeitschrift für Sportmedizin, Heft 1, Jahrgang 54, o.O. 2003, S. 3-12

Halstenberg, Volker (1996): Integrierte Marken- Kommunikation, Frankfurt/ Main 1996

Hattemer, Klaus (2004): Missverständnisse und Irrtümer im Seniorenmarketing, in: Zeitschrift für Versicherungswesen, Heft 17, Band 55, Hamburg 2004, S. 497- 499

Hattemer, Klaus (2005): Senioren sind ein Ziel aber keine Gruppe, in: Zeitschrift für Markenführung, Heft 6, Band 67, Hamburg 2005, S. 30- 33

Härtl- Kasulke, Claudia (1998): Marketing für Zielgruppen ab 50, Neuwied 1998

Heinze, Rolf G./Helmer- Denzel, Andrea/Wilde, David Patrick (2005): Freizeitverhalten älterer Menschen und potenzielle Impulse für die Seniorenwirtschaft, Bochum 2005

Helbig, Gerda (2004): Altersgerecht wohnen, selbstbestimmt bleiben, gemeinschaftlich leben- Netzwerke zur Selbstorganisation, in: BauWohnberatung Karlsruhe (Hg.): Neues Wohnen fürs Alter, Frankfurt/ Main 2004

Hölper, Sabine (2002): Wie vom Seniorenmarkt profitieren?, Köln 2002

Höpflinger, Francois (2004): Traditionelles und neues Wohnen im Alter, Zürich 2004

Jäckel, Michael (2004): Stehen auch die Märkte Kopf? – Der demographische Wandel im Spiegel von Werbung und Konsumerwartungen, http://www.zukunftsradar2030.de/images/pdf/Marktchancen/zirp_senioren.pdf, Aufruf am 2.2.2006

Kahlfuhs, Sabine (2005): Beratung zum barrierefreien Wohnen, www.gut-bedacht-ins-alter.de/gutbedacht-Leistungen.html, Aufruf am 22.9.2005

Karmasin, Helene (1993): Produkte als Botschaften, Wien/Frankfurt 1993

Koppelmann, Udo (1987): Produktmarketing, Stuttgart, 1987

Koppelmann, Udo (1971): Grundlagen der Verpackungsgestaltung, Herne/Berlin 1971

Köhler, Richard/Majer, Wolfgang,/Wiezorek, Heinz (2001): Erfolgsfaktor Marke, München 2001

Krieb, Christine/Reidl, Andreas (2001): Seniorenmarketing, Lech 2001

Kroeber-Riel, Werner (2003): Konsumentenverhalten, München 2003

Kruse, Andreas/ Schmitt, Eric (2005): Zur Veränderung des Altersbildes in Deutschland, in: Aus Politik und Zeitgeschehen, 49-50, Bonn 2005, S.9-16

Kruse, Andreas/Lehr, Ursula (1999): Psychologische Aspekte des Alterns, in: Niederfranke, Anette/Naegele,Gerhard/ Frahm, Eckart (Hg.): Funkkolleg Altern 1, Wiesbaden 1999

Küster, Christine (1998): Zeitverwendung und Wohnen im Alter, in: Deutsches Zentrum für Altersfragen (Hg.): Wohnbedürfnisse, Zeitverwendung und Soziale Netzwerke ältere Menschen, Frankfurt/Main 1998

Leeb, Christian (2005): Von der Idee bis zur Markteinführung, in: Euroforum (Hg.): Zukunftsmarkt 50plus, Düsseldorf 2005

Lehr, Ursula M. (2003): Aktiv und bewegt älter werden- was können wir ändern? S. 5, in: Deutsche Gesellschaft für Sportmedizin und Prävention (Deutscher Sportärztebund) e.V. (Hg.): Deutsche Zeitschrift für Sportmedizin, Heft 1, Jahrgang 54, o.O. 2003, S. 1

Lehr, Ursula M./ Thomae, Hans (1991): Alltagspsychologie, Darmstadt 1991

Lewis, Herschell Gordon (1997): Seniorenmarketing, Landsberg am Lech 1997

Limbourg, Maria (2005): Mobilität im Alter – Probleme und Perspektiven, http://www.uni-essen.de/traffic_education/texte.ml/Senioren.html , Aufruf am 21.10.2005

Lohmann, Martin/Danielsson, Johanna/Koch, Astrid (2000): Reiseanalyse RA Urlaubsreisen-Motive, Verhalten und Interessen von Familien, Senioren, Jugendlichen, Singles, Hamburg 2000

Lohrum, Matthias (2000): Nicht alle Kunden sind für eine jung- intergenerative Produktgestaltung, in: Meyer-Henschel Management-Consulting (Hg.) Handbuch Seniorenmarketing, Frankfurt am Main 2000, S. 379- 413

Matern, Holger (2005): Das Auto, das sehen, hören und fühlen kann, in: HiTech Campus Germany, München 2005

Meyer-Henschel, Hanne/Meyer-Henschel, Gundolf (2004): Seniorenmarketing, Göttingen 2004

Meyer-Henschel Management Consulting (Hg.) (2000): Handbuch Seniorenmarketing, Frankfurt/Main 2000

Michael, Bernd M. (2005): Warum ignoriert das Marketing die kaufkräftigste Generation aller Zeiten? Die Generation 50plus?, o.O. 2005

Miegel, Meinhard (2002): Die deformierte Gesellschaft- Wie die Deutschen ihre Wirklichkeit verdrängen, 7. Auflage, Berlin [u.a.] 2002

Neunzig, Werner (2000): Marketing für gebildete und lebenserfahrene Zielgruppen im Verlag Das Beste, in: Meyer-Henschel Management- Consulting (Hg.) Handbuch Seniorenmarketing, Frankfurt am Main 2000, S. 705- 722

Nivea-online (2005): Nivea Vital- Weil reife Haut mehr Pflege braucht, www.nivea.de, Aufruf am 1.10.2005

Olbrich, Rainer/Battenfeld, Dirk (2005): Variantenvielfalt und Komplexität- kostenorientierte vs. markenorientierte Sicht, in: Der Markt, 44.Jg., 2005, 3+4, S. 161- 173

Opaschowski, Horst W. (2005): Besser Leben, schöner wohnen? Darmstadt 2005

Opaschowski, Horst W. (2000): Qualität im Tourismus, Hamburg 2000

Opaschowski, Horst W. (1998): Was ist neu an den „Neuen Alten"? – Die ältere Generation: Gestern. Heute. Morgen, in: Marketing Journal, Heft 3, 1998, S. 164- 166

Pahl, Carola (2005): Menschenzentrierte Technik, http://www.heise.de/tr/artikel/print/65320, Aufruf am 11.11.2005

Pellny, Michael (2005): Wiesner-Hager – menschengerechte Möbel, in: Meyer-Henschel Management-Consulting (Hg.) Handbuch Seniorenmarketing, Frankfurt am Main 2000, S. 533-548

Pepels, Werner (2001): Produktmanagement, 3. Auflage, München 2001

Peterz, Helga (2003): Seniorenmarketing, in: Rundschau für den Lebensmittelhandel, 08/03, S. 3-16

Pure mobile-online (2005): Telefone für Senioren, www.das-seniorenhandy.de, Aufruf am 20.12.2006

Reife Märkte-online (2005 a): Neues Wohnen für die Generation 50plus, http://www.reifemaerktc.de/archive.php?cat_id=10, Aufruf am 10.10.2005

Reife Märkte-online (2005 b): Ein Senioren-PC namens „Kolibri", http://www.reifemaerkte.de/artikel.php?cat_id=08&id=49, Aufruf am 10.11.2005

Saup, Winfried (1991): Konstruktives Altern, Göttingen 1991

Schiebel, Walter (2005): „Prävention, Selbstmedikation und Wellness" – Zur Zukunft des Gesundheitsmarktes, in: Absatzwirtschaft, Heft 3, 2005, S.1-18

Schirrmacher, Frank (2004): Das Methusalemkomplott, 5.Aufl., München

Schmähl, Winfried (1997): Einkommen im Alter – Woher kommt es, wohin geht es?, in: Wachstumsmotor Alter(n): Lebensstile- Kaufkraft- Konsum, Forschungsinstitut der Friedrich- Ebert- Stiftung Abt. Arbeits- und Sozialforschung, Bonn 1997

Schmähl, Winfried/Fachinger, Uwe (1998): Armut und Reichtum: Einkommen und Einkommensverwendung älterer Menschen, Zentrum für Sozialpolitik, Bremen 1998

Schönknecht, Christiane (2003): Sport und Reisen im Alter, Berlin 2003

Schrader, Sven (1997): Die Angst der Werber vor 50plus, in: Wachstumsmotor Alter(n): Lebensstile- Kaufkraft- Potenziale, Gesprächskreis Arbeit und Soziales, Nr.80, Bonn 1997

Schröder, Hendrik/Berghaus, Nadine/Zimmermann, Gregor (2005): Das Blickverhalten der Kunden als Grundlage für die Warenplatzierung im Lebensmitteleinzelhandel, in: Der Markt, 44. Jg., Nr.172, 2005, S. 31-43

Seidl, Claudius (2005): Warum wir nicht mehr älter werden, in: Aus Politik und Zeitgeschichte, 49- 50/ 2005, S. 3-9

Senio-online (2005): Deutschlands erster Fachhandel für Senioren, www.senio.de, Aufruf am 20.12.2005

Seniorenmarkt-online (2005): Kurios, Spielzeugpuppen als Enkelersatz, http://www.seniorenmarkt.de/cgibin/lp/lp.cgi?file=themen/t5/rueckblick2005.htm&q_userdata, Aufruf am 15.9.2005

Siegesmund, Michael (2005 a): Senioren schätzen Mobilität, www.reifemaerkte.de/ artikel.php?cat_id=01&id=139, Aufruf am 11.11. 2005

Siegesmund, Michael (2005 b): Lebensstil der jungen Alten beeinträchtigt ihr Gehör, http://reifemaerkte.de/artikel.php?cat_id=04&id=203, Aufruf am 20.12. 2005

Siegesmund, Michael (2005 c): Hochkonjunktur bei PC- Kursen für Ältere, http://www.reifemaerkte.de/artikel.php?cat_id=08&id=36, Aufruf am 11.11. 2005

Siegesmund, Michael (2005 d): Urlaub mit dem Hausarzt, www.reifemaerkte.de/ artikel.php?cat_id=09&id=94, Aufruf am 20.10.2005

Siegesmund, Michael (2006): Best Ager treibt es in die Fitness-Studios, www.reifemaerkte.de/print.php?id=247, Aufruf vom 18.2.2006

Statistisches Bundesamt (2004): Bevölkerung: Fakten-Trends-Ursachen-Erwartungen, Wiesbaden 2004

Statistisches Bundesamt (2005 a): Statistisches Jahrbuch 2005 für die Bundesrepublik Deutschland, Stuttgart 2005

Statistisches Bundesamt (2005 b): Internetnutzung älterer Menschen nimmt überdurchschnittlich zu, http://www.destatis.de/presse/deutsch/pm2005/p1790024.html, Aufruf am 9.10.2005

Stephani, Nicole (2005): Dinge die das Leben einfacher machen, www.nobodyisperfect.de, Aufruf am 20.12.2005

Stihler, Ariane (2000): Angewandte Konzepte der Sozialpsychologie zur Erklärung des modernen Konsumverhaltens, in: Konsum: soziologische, ökonomische und psychologische Perspektiven, Opladen 2000, S. 168- 186

Stütz, Rainer (2000): Senioren-Marketing am Beispiel von Gemüsesäften, in: Meyer-Henschel Management- Consulting (Hg.) Handbuch Seniorenmarketing, Frankfurt am Main 2000, S. 481-517

Tokarski, Walter (1989): Freizeit- und Lebensstile älterer Menschen, Kassel 1989

TSN Infratest (2005): Bestager-Typologie, Düsseldorf 2005

Tui-Tourismus-online (2006): Willkommen im TUI Club Elan, Das Leben gemeinsam genießen, www.tui-club-elan.de, Aufruf am 11.1.2006

Turocha, Dietmar (2005): Technischer Fortschritt- Belastung oder Entlastung für Best Ager?, in: Euroforum (Hg.): Zukunftsmarkt 50plus-, Düsseldorf 2005

Vis Bayern-online (2005): Fachinformationen zur Ernährung im Alter, http://www.visernaehrung.bayern.de/de/left/fachinformationen/lebensmittel/gruppen/funktionelle_ernaehrung.htm, Aufruf am 20.12.2005

Von Schweitzer, Rosemarie (1998): Lebenslagen der Generationen in den alten und neuen Bundesländern (1996), in: Deutsches Zentrum für Altersfragen (Hg.): Wohnbedürfnisse, Zeitverwendung und soziale Netzwerke älterer Menschen, Frankfurt/Main 1998

Weeber, Rotraut/Hörmle Gabriele (1998): Barrierefreies Wohnen für ältere Menschen, insbesondere mit Blick auf Wohngemeinschaften, in: Deutsches Zentrum für Altersfragen (Hg.): Wohnformen älterer Menschen im Wandel, Frankfurt/ Main 1998

Weinberg, Peter (1981): Das Entscheidungsverhalten der Konsumenten, Paderborn 1981

Yerkes, Robert Mearns (1921): Psychological examining in the United States Army, Washington 1921

Rafael Grieger

Das Informationsverhalten der Best Ager

Eine empirische Studie am Beispiel der Unterhaltungselektronik

Diplomica 2008 / 140 Seiten / 49,50 Euro

ISBN 978-3-8366-0840-4

EAN 9783836608404

„Erstmal mach ich mich schlau… überwiegend im Internet. Ja. Erstmal Stiftung Warentest im Internet. Früher hab ich sie mir gekauft. Heute brauch ich sie nicht mehr. Und wenn ich wirklich beabsichtige, mir ein Produkt zu kaufen, dann drucke ich mir die Testberichte auch aus. Die muss ich dann bezahlen, aber da hab ich mir ein Konto anlegt. Und wenn es wirklich wichtig ist, dann ziehe ich es mir auch runter und druck es aus. Das ist also der erste Schritt."

Dieser Kommentar entstammt aus einer qualitativen Vorstudie, die im Rahmen des vorliegenden Buchs durchgeführt wurde. Die Probandin sollte in diesem Zusammenhang beschreiben, wie sie ihre Informationssuche beim Kauf eines Fernsehers gestaltet. Die Antwort erscheint auf den ersten Blick nicht ungewöhnlich, bedenkt man aber, dass es sich bei der Probandin um eine Seniorin von 64 Jahren handelt, dann wirft die Aussage interessante Fragestellungen auf.

Ziel des Buchs ist die empirische Untersuchung des senioralen Informationssuchverhaltens und dessen Einflussfaktoren beim Kauf von Unterhaltungselektronik. Dabei gilt es für das Informationssuchverhalten herauszufinden, inwieweit die Intensität der Suche, die Nutzung unterschiedlicher Quellen sowie die Bedeutung einzelner Produktmerkmale innerhalb der Generation 60plus variieren. Des Weiteren will die vorliegende Untersuchung ein Modell entwickeln und prüfen, in dem unterschiedliche Einflussfaktoren auf die Informationssuche von Senioren einwirken. Die so generierten Ergebnisse sollen schließlich in theoretischer sowie praxisorientierter Hinsicht besprochen werden und Hinweise auf eine zielgruppen-spezifische Ausgestaltung der Marketingmaßnahmen im Elektrofachhandel geben.

Tobias Giereth

Age Power 2010 –

Erfolgreiches Best Ager-Marketing

Strategische und psychologische Ausrichtung zur Kommunikation in gesättigten Märkten

Diplomica 2006 / 186 Seiten / 39,50 Euro

ISBN 978-3-8324-9346-2

EAN 9783832493462

Im ersten Teil des Buches wird auf die betriebswirtschaftliche Bedeutung des Best Age-Marktes und die strategische Unternehmensausrichtung eingegangen, wobei der Best Age-Markt durchaus kritisch hinterleuchtet und ein vorausschauendes Profil des Best Agers erstellt wird, um erkennbaren Entwicklungen der nächsten Jahre mit einer neuen Strategieempfehlung zu begegnen und der Frage nach der Segmentierung des Marktes mit einem neuen Segmentierungsansatz zu begegnen.

Im zweiten Teil der Arbeit soll eine psychologische Hinführung an den Konsumenten erfolgen, wobei unbewusste Prozesse, die Macht von Emotionen und neuere psychologische Phänomene den Schwerpunkt bilden und der Beweis erbracht werden soll, welche unumgängliche Bedeutung Emotionen für die Werbung besitzen, und dass mit dem psychologischen Selbstkonzept ein, aufgrund seiner umfassenden Bedeutung, elementares Handlungsmodell unbedingt Einzug in die werbliche Betrachtung des Best Agers halten muss.

Im dritten und letzten Teil wird eine Umsetzung in der TV-Werbung angestrebt, die im Wesentlichen auf dem werbehabitualsierierten Konsumenten basiert, dabei werden Mittel und Wege aufgezeigt, wie es gelingen kann über Stereotype auch den Best Ager anzusprechen und über dies hinaus dem Leser einige entscheidende Umsetzungsregeln und Muster an die Hand gelegt, mit denen er zukunftgerichtete, zielgruppenadäquate, kreative und effiziente Best Ager-Werbung im TV kommunizieren kann.

Franziska Rutishauser

Seniorenmarketing

Theoretische Grundlagen -

Empirische Untersuchung

Diplomica 2005 / 153 Seiten / 39,50 Euro

ISBN 978-3-8324-8783-6

EAN 9783832487836

Angesichts des erhöhten Wettbewerbsdruckes auf zahlreichen Märkten, erscheint die Hinwendung zu neuen, noch im Wachstum begriffenen Zielgruppen geeignet, um die Ertragsziele einer Unternehmung zu erfüllen. Eine in der Marketingpraxis noch vielfach unterschätzte Zielgruppe ist diejenige der Senioren. Dies ist insofern erstaunlich, da die demographische Entwicklung, die verbesserte finanzielle Situation und die veränderte Lebenseinstellung vieler Senioren für ein hohes Potential dieser Zielgruppe sprechen.

Dieses Buch setzt sich zum Ziel, den Entwicklungsstand und die konkrete Ausgestaltung des Seniorenmarketings in der Praxis aufzuzeigen. Dabei sollen insbesondere die folgenden Fragen beantwortet werden: Was sind die Bedürfnisse, Einstellungen und Verhaltensweisen der Senioren? Welches sind die zentralen Aspekte des Seniorenmarketings? Welches sind die wichtigsten Seniorenmärkte? Wie soll ein an den Bedürfnissen der Senioren orientierter Marketing-Mix ausgestaltet werden? Inwieweit und in welcher Form wird Seniorenmarketing von den Schweizer Unternehmen betrieben?

Timo Mayer

Online-Kommunikation mit Best Agern im Rahmen des Seniorenmarketings

Anforderungen und strategische Ausrichtung

Diplomica 2008 / 124 Seiten / 39,50 Euro

ISBN 978-3-8366-5994-9

EAN 9783836659949

Die Auswirkungen und Folgen der demographischen Entwicklung sind bereits länger Thema in unserer Gesellschaft. Das Verhältnis der Altersgruppen wird sich zukünftig weiter zu Gunsten der älteren Bevölkerung verschieben. Findige Marketingexperten beschwören eine neue, potentielle Zielgruppe herauf, die so genannte 50plus Generation. Aus Unternehmenssicht bietet sich das Internet als zusätzlicher und kostengünstiger Kommunikationskanal an. Ferner um Kontakte zu knüpfen, dauerhaft zu kommunizieren und langfristig solide Geschäftsbeziehungen aufzubauen.

Der raschen Verbreitung des Internets in unserem Alltagsleben können sich auch die über 50-Jährigen nicht verschließen, die häufig erstmals in der späten Lebensphase mit dieser technologischen Entwicklung zu tun haben. Vorurteile, fehlende Erfahrung und die mangelnde Fähigkeit mit dem Internet richtig umzugehen erschweren die Nutzung. Folglich ist es im Rahmen einer erfolgsorientierten Ansprache aus Unternehmenssicht unerlässlich, sich ausgiebig mit der Zielgruppe der 50plus auseinander zu setzen um ihnen die Handhabung zu erleichtern oder besser, den persönlichen Nutzen aufzuzeigen.

Diese Studie setzt sich das Ziel allgemeine, zielgerichtete Ansätze und Handlungsempfehlungen im Rahmen der Online-Kommunikation im Umgang mit der Zielgruppe zu entwickeln. Analysiert und von elementarer Grundlage sind u.a. die altersbedingten Veränderungen und Charakteristiken der Zielgruppe, das Informationsbeschaffungs- und Internetnutzungsverhalten sowie Hemmnisse und Schwierigkeiten die sich beim Umgang mit dem Internet ergeben können.

Yvonne Senf

Best Ager als Best Targets?

Betrachtung der Zielgruppe 50plus für das Marketing

Diplomica 2008 / 112 Seiten / 39,50 Euro

ISBN 978-3-8366-6218-5

EAN 9783836662185

Vor dem Hintergrund gesättigter Märkte und der zunehmenden Austauschbarkeit von Produkten wird es für Unternehmen immer bedeutsamer, sich signifikante Wettbewerbsvorteile gegenüber ihren Mitbewerbern zu sichern. Es gilt, neue und zukunftsträchtige Märkte zu erschließen und sich in diesen zu etablieren.

Wie kaum ein anderer Bereich rückt dabei das Thema „Altern" in den Brennpunkt des öffentlichen Interesses. Auf Grund der sinkenden Geburtenrate und der steigenden Lebenserwartung zeichnet sich in Deutschland und anderen Industrienationen ein demographischer Wandel ab: die industrielle Gesellschaft altert. Ein Ergebnis dessen ist das Herauskristallisieren einer völlig „neuartigen" Zielgruppe, denn der besagte demographische Wandel bringt vor allem eine aufsteigende Menge an älteren Menschen im „besten Alter" mit sich.

Man prognostiziert, dass sich diese zur wichtigsten Käufergruppe der Zukunft entwickeln werden. Aber was ist wirklich dran an dem zunehmenden Interesse um eine Zielgruppe, die noch nicht einmal eine einheitliche Begriffsdefinition besitzt? Ältere Menschen gab es auch schon vor 30 Jahren, wenngleich ihr prozentualer Anteil an der Gesamtbevölkerung sicherlich geringer war. Dennoch sollte man sich die Frage stellen, ob es Sinn macht und zeitgemäß ist, eine Segmentierung nach lediglich einem Merkmal, dem Alter, vorzunehmen. Und sind die Best Ager hinsichtlich marketingpolitischer Entscheidungen tatsächlich auch die Best Targets?

Julia Junkersdorf

Der Bankkunde 50plus

Kundenbindungsstrategien für Direktbanken

Diplomica 2009 / 116 Seiten / 49,50 Euro

ISBN 978-3-8366-7950-3

EAN 9783836679503

Die Kundenbindung gilt im Zeitalter von Wirtschaftskrisen und rückläufigen Gewinnen als erfolgsversprechendes Instrument, um im starken Wettbewerb zu bestehen. Einen Neukunden zu gewinnen ist schließlich in der Regel sieben mal teurer als einen bestehenden Kunden zu binden. Diese Regel gilt auch und gerade für Direktbanken.

Hinsichtlich der Kundenbindungsstrategien findet die stetig wachsende Zielgruppe 50plus jedoch zu wenig Beachtung. Über die Wünsche und Bedürfnisse der über 50-Jährigen ist man sich häufig noch sehr im Unklaren. So geben sich viele Direktbanken mit gängigen Klischees zufrieden, um den Bankkunden 50plus zu verstehen. Dabei ist diese Zielgruppe Spitzenreiter im Online-Banking und weiß oft genau, wie sie ihr Geld anlegen will.

Der Bankkunde 50plus bietet sehr viel ungenutztes Potenzial, welches unbedingt entdeckt werden muss, um sich für den Wettbewerb in Krisenzeiten zu rüsten.

Manuela Pirner

Best Ager als Zielgruppe für den deutschen Lebensmitteleinzelhandel

Diplomica 2010 / 144 Seiten / 49,50 Euro

ISBN 978-3-8366-8116-2

EAN 9783836681162

Der mit zunehmender Dynamik verlaufende Alterungsprozess der Bevölkerung hat inzwischen die ganze Welt erfasst. Diese Entwicklung ist kurzfristig nicht zu korrigieren – sie ist auf Jahrzehnte hinaus unumkehrbar. Für die Wirtschaft heißt das, sie muss sich mit den Auswirkungen dieser tief greifenden gesellschaftlichen Veränderungen auseinandersetzen, um so auch die Zukunft aktiv zu gestalten. Die Auswirkungen des demografischen Wandels auf Kundenstrukturen und Kundenwünsche werden dabei zu maßgeblichen Wettbewerbsfaktoren und die über 50-Jährigen werden zu einer wesentlichen Zielgruppe der Zukunft. Die Lebensmittelwirtschaft muss sich auf diese Veränderungen einstellen und die passenden Produkt- und Marketingkonzepte entwickeln.

Das Buch informiert anschaulich und fundiert über die Möglichkeiten und Grenzen des Handelsmarketings angesichts des demografischen Wandels. Besonders die Gestaltung der Standortpolitik, Produkt- und Sortimentspolitik, Preispolitik, Qualitätspolitik, des Verkaufsraums und der Warenplatzierung sowie der Kommunikationspolitik werden unter die Lupe genommen. Auf Grundlage der theoretischen Erkenntnisse und der empirischen Erhebung wird die derzeitige Situation der Einzelhandels-Discounter mit Hilfe einer SWOT Analyse dargestellt.

Manuela Pirner beantwortet die spannende Frage nach der demografischen Entwicklung Deutschlands und deren Auswirkungen auf die Lebensmittelwirtschaft anschaulich und fundiert. Das Buch besticht durch eine schlüssige Verbindung von theoretischer Analyse und praktischer Orientierung.

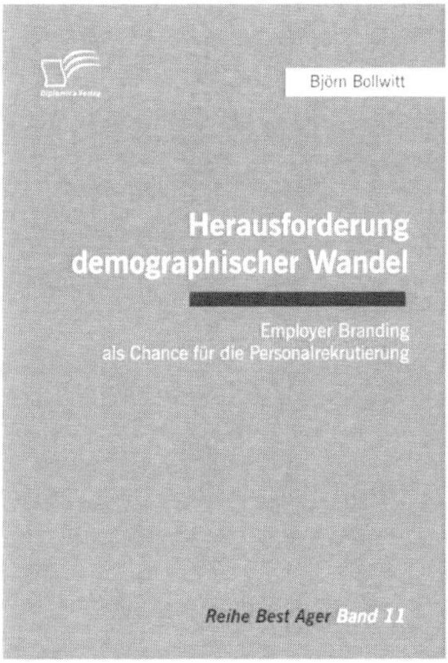
Björn Bollwitt
Herausforderung demographischer Wandel
Employer Branding
als Chance für die Personalrekrutierung
Reihe Best Ager Band 11

Sven Pischke

Personalmanagement in einer alternden Gesellschaft

Handlungsempfehlungen für Unternehmen in Zeiten des Demographischen Wandels

Diplomica 2012 / 168 Seiten / 49,50 Euro

ISBN 978-3-8428-7322-3

EAN 9783842873223

Angesichts des Demographischen Wandels und seiner Konsequenzen nehmen konkrete Maßnahmen des Personalmanagements eine immer wichtigere Position ein. Die relevanten Handlungsfelder, denen sich das Personalmanagement in Zukunft stellen muss, sind beispielsweise die zunehmende Heterogenität von Belegschaften, der daraus folgende Fachkräftemangel, aber auch eine möglicherweise weitergehende Internationalisierung und die damit verbundenen Kulturunterschiede. Darum muss das Ökonomische Prinzip nicht nur wirtschaftsorientiert, sondern zunehmend auch arbeitnehmer-orientiert betrachtet werden. Ziel muss es werden, mit dem gegebenen, immer reifer und älter werdenden Personal die Herausforderungen und gesetzten Aufgaben der Zukunft erfolgreich zu meistern. Aus diesem Grund werden künftig die Investitionen in Weiter-, Neu- und Umbildungsmaßnahmen für eine alternde Belegschaft zunehmend wichtiger. Die Unternehmensführung der Zukunft muss eine qualitativ und quantitativ neue Personalpolitik entwickeln, um das Unternehmen im permanenten Wettbewerb optimal positionieren zu können.

Zwar hat der überwiegende Teil der Arbeitgeber die Notwendigkeit personalbezogener Änderungen erkannt, jedoch hat der Wandel von der theoretischen Betrachtung in die praktische Umsetzung nur sehr vereinzelt Einzug gehalten. Daher übernimmt diese Studie eine Art analytische Brückenfunktion zwischen Theorie und Praxis und untersucht, welche grundlegenden Veränderungen Personalführung, Personalbeschaffung, Personalentwicklung und Personaleinsatz erwarten.